U0249742

上海人民美术出版社

装订道场

28位设计师的《我是猫》

Graphic社编辑部 编著 何金凤 译

《我是猫》

吾輩は猫である

《我是猫》是一部长篇讽刺小说，作者用风趣幽默的手法对社会进行了揭露和批判。这部作品于1905年1月起在《杜鹃》杂志上连载，不久后被编成上、中、下三册出版。作品以猫为故事的叙述者，通过它的感受和见闻，写出了它的主人穷教师苦沙弥及其一家人平庸琐碎的生活以及他和朋友们谈古论今、嘲弄世俗、故作风雅的无聊世态。小说描写夸张细腻，语言诙谐有趣，处处闪射着机智和文采，让读者在笑声中抑制不住惊叹。

夏目漱石

Natsume Souseki

夏目漱石在日本近代文学史上享有很高的地位，被称为"国民大作家"。他对东西方的文化皆有很高造诣，既是英文学者，又精擅俳句、汉诗和书法。写作小说时他擅长运用对句、迭句、幽默的语言和新颖的形式。他对个人心理精确细微的描写开了后世私小说的风气之先。他的门下出了不少文人，芥川龙之介也曾受他提携。因其贡献之大，他的头像被印在了日元1000元的纸钞上（2004年11月以前为夏目漱石，现为日本医学家野口英世）。

序

迎接图书多文本时代的到来

——上海人民美术出版社 社长、总编 李新抢着要为一本新书写序的事，对我这个编了几十年图书的出版人而言确实不多见。但当我看到《装订道场》之后，立刻表示，我要为此书写序，因为我兴奋了：终于找到了能嗅出传统书业发展转型轨迹的日本同道人。为一个相同的出版内容做28个书籍文本，并再结集问世，本来就是一件新奇的事，而且正好暗合我一直耿耿于怀的心结，我狂喜不已，我要谢谢他们！

从业多年，每每感到新编辑入行后的手足无措，我就会想象和琢磨：如果我是大学导师，会怎样对他们的职业技能进行培养。我的设想是让学生们在规定的出版内容和规定的时间、条件里各自完成一个实体书的文本练习。然后，我以对学生们的作品进行评点的形式来补充他们在传统书业入行前应具备的书籍设计知识，强化其职业技能。我的出发点和思考点都基于我对出版行业基本功的认知——动手能力是编辑职业的第一真功夫，因为你的天职就是要为传播文化和知识提供优秀的服务，这样才能完成编辑自身社会价值的转换。

日本同行们对于编辑行业的发展一直有着他们独到的见解和高明之处。清华大学美术学院教授、我国当代著名书籍设计师吕敬人就师出日本设计大师杉浦康平门下。吕敬人不仅把杉浦先生视为自己的终生导师，而且称杉浦先生为现代书籍设计实验的创始人。所以，每当日本同道在书籍设计等方面有优秀的图书出现，必定也是我要关心和推荐的，这是我要说的第一点。

当然，使我高兴的还有更重要的一方面，该书或许会给我们所有出版人一个重要的提示——传统图书多文本时代即将到来。

新媒体的快速发展对传统书业产生了巨大的影响，如传统书业的某些功能和作用正在退化，业内人士曾一度担心它的未来，但为读者服务的文化新理念又为我们带来了新的发展机遇。传统图书在简单复制的模式下，出现了印数不断下降、图书品种不断增多的现象，明显传递着一个信息：阅读图书不再止于满足简单汲取内容的目的，阅读者还要从手捧的实体物中体验和享受阅读的快乐和欢愉。不同类型的阅读者对于不同阅读体验的要求，就是图书多文本现象产生的理由。以小见大，虽然还需由量变到质变的过程，但我有种预感：说不定本书的出版可以帮助我国出版人及时认识到传统书业发展的新潮。

从职业出版的角度，我看到近年来书籍设计师在出版行业的位置开始前移，由过去配角的角色，逐渐与编辑融为一体，成为图书编辑工作的主角之一。吕敬人先生近期一直强调要将"书装设计"和"装帧设计"的称谓改为"书籍设计"，他认为观念词的改变必定会影响中国出版业的进步，我极其赞赏吕敬人先生的睿智和远见。我还看到近期中国许多优秀的图书项目都是到全国去寻找最杰出的书籍设计师来担当项目整体设计的，更有张扬的出版社还要用设计投标的方式为其重点图书项目摇旗呐喊。我更看到，凡是重视书籍设计，敢于投入的出版社都在进步和发展，显示出强烈的进取心；凡是墨守成规的出版者只是在重复自己，继续等待着。

我知道面对多元阅读的新世纪，这里既是装订的道场，也是实验的道场，更是图书革命性转型的前奏曲，我真心希望大家都关注这本具有革新意义的图书，关注这个时代为图书带来的改变，这就是我一定要为本书呐喊的理由。

我的结论：

这是一个为读者服务的时代，那么它就是一个设计的时代。

这是一个经典阅读的时代，那么它就是一个多文本的时代。

这是一个书籍转型的时代，那么它必定是一个先行者的时代。

目录

前言

虽然《我是猫》这本书为人熟知，但却未必被大家仔细读过。为了让读者能重拾它的独特之美，我们计划为此书重新装帧，并将这些装帧作品集结出版。怀揣这样的愿望，我们将欣赏到怎样的设计作品呢？

带着疑问，我们特邀了一些设计师，实实在在地对本书进行了重新打造，并在《设计典藏》上刊发了题为"装订道场"的连载。本书收录了连载的全部作品，另外又为本书的刊行特别邀请了一位设计师加入，因而总计共有28位设计师的作品收录其中。

书籍不仅有印刷和工艺的限制，还要尽力节约成本。出于种种考虑，设计师们会给出怎样的设计方案呢？面对《我是猫》这部文学巨著，设计师们前所未有的奇思妙想和表现手法，常常会使读者在翻动书页时惊喜连连。

敬请欣赏28位设计师独具匠心的作品吧。

* 注：作为前提，我们对每一位设计师都提出了成品定价要控制在 1400 日元、规格为 32 开（日本纸张标准 188mm×130mm）的委托要求。

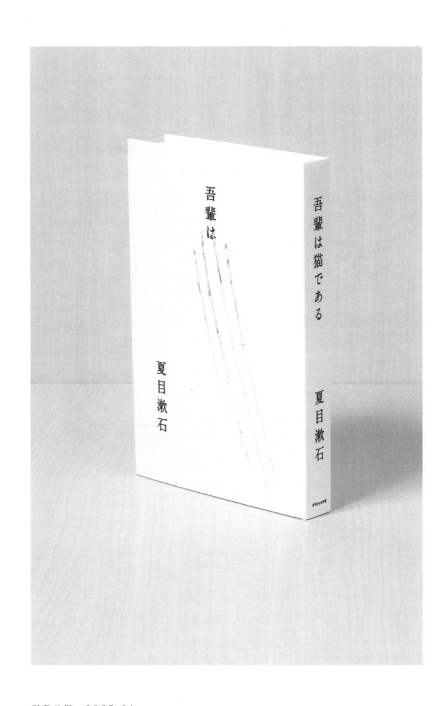

吾輩は猫である　夏目漱石

吾輩は

夏目漱石

刊登日期：2007.01

寄藤文平

刊登日期：2007.01

帆足英里子

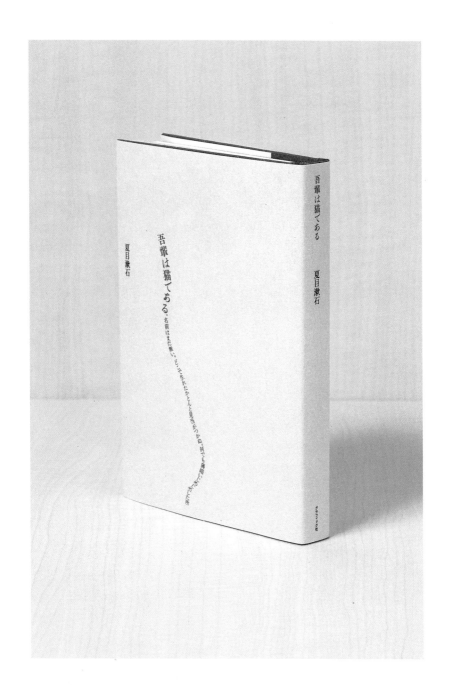

吾輩は猫である　夏目漱石

吾輩は猫である　夏目漱石

名前はまだ無い。どこで生れたかとんと見当がつかぬ。何でも薄暗いじめじめした所

夏目漱石

刊登日期：2007.01

松田行正

刊登日期：2007.06

針谷建二郎

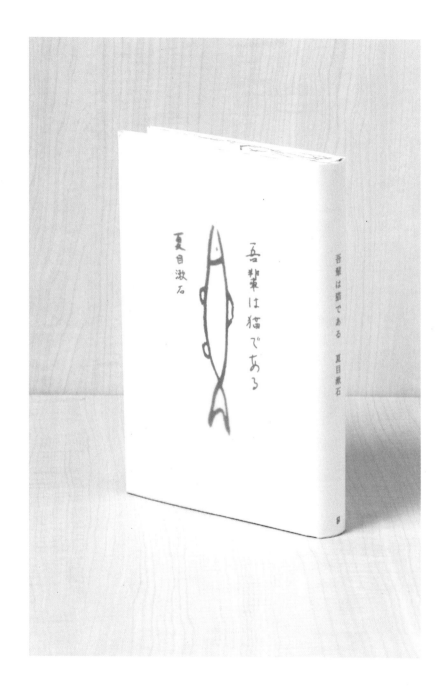

刊 登 日 期：２００７.０６

池 田 进 吾

刊登日期：2007.06

平 林 奈 绪 美

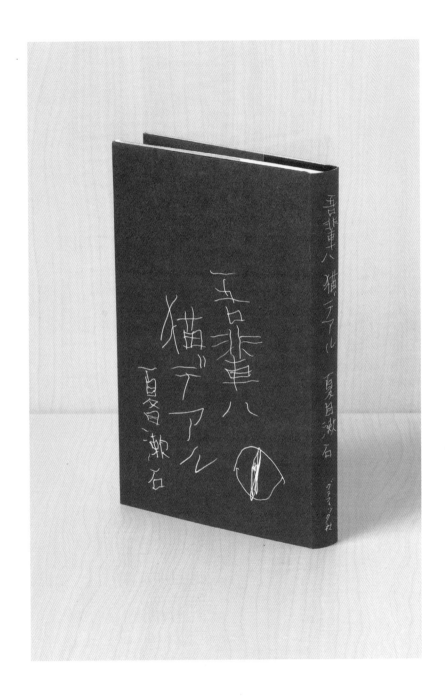

刊登日期：2007.10

葛西薫

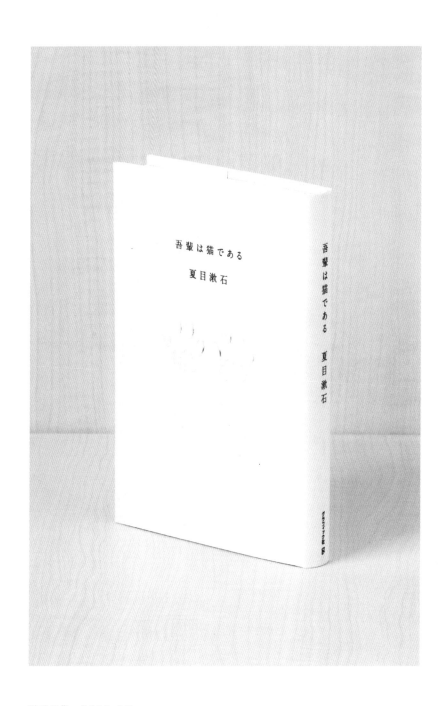

吾輩は猫である
夏目漱石

（背表紙）吾輩は猫である　夏目漱石

刊登日期：2007.10

新村則人

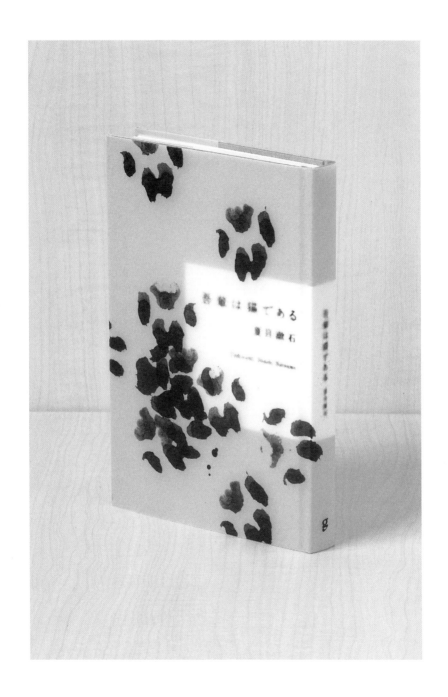

刊登日期：2007.10

长岛Rikako

吾輩は猫である 夏目漱石

吾輩は猫である
夏目漱石

刊登日期：2008.02

大久保明子

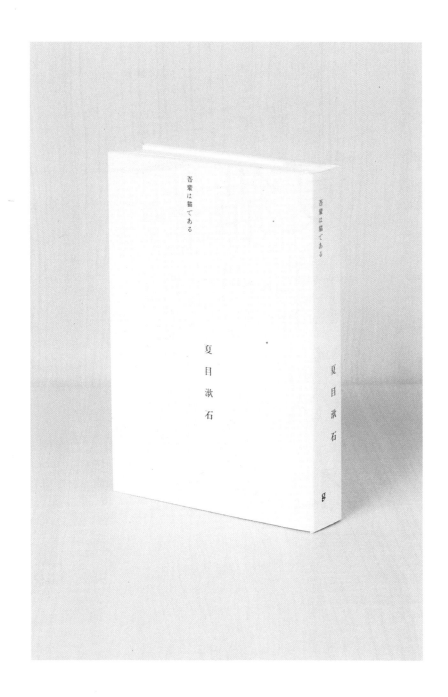

刊登日期：2008.02

奥定泰之

刊登日期：2008.02

Blood Tube Inc.

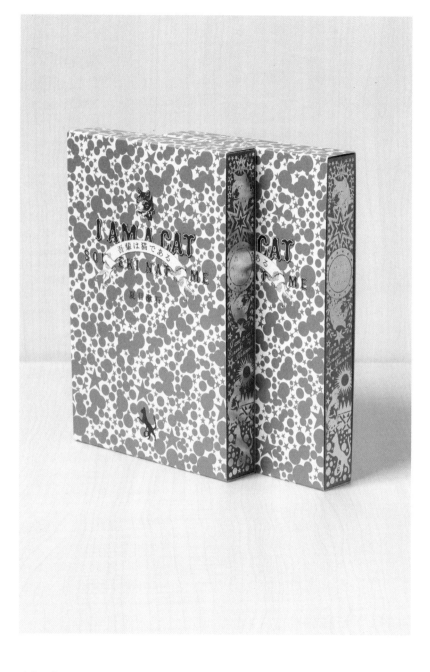

刊登日期：2008.05

原条令子

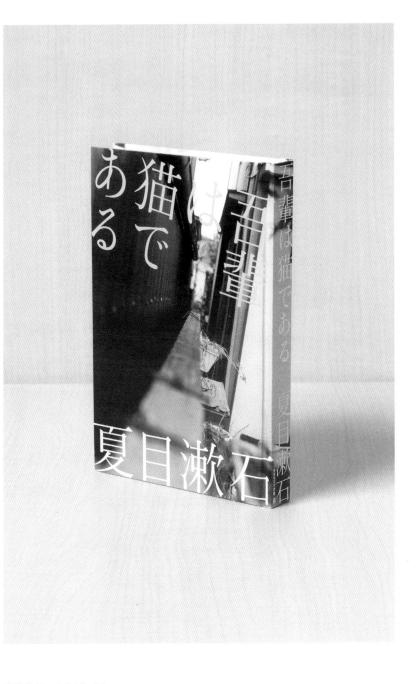

刊登日期：2008.05

櫻井浩

吾輩は猫である / 夏目漱石線

刊登日期：2008.05

buffalo-D

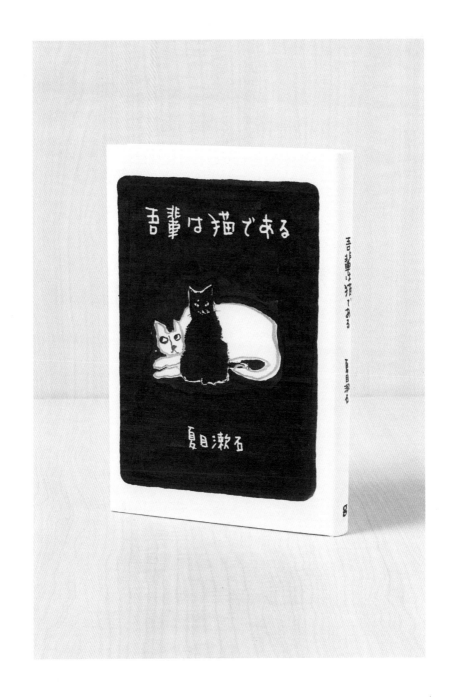

刊登日期：2008.10

长友启典

吾輩は猫である　夏目漱石

刊登日期：2008.10

Craft Ebbing商会

刊登日期：2008.10

松 荫 浩 之

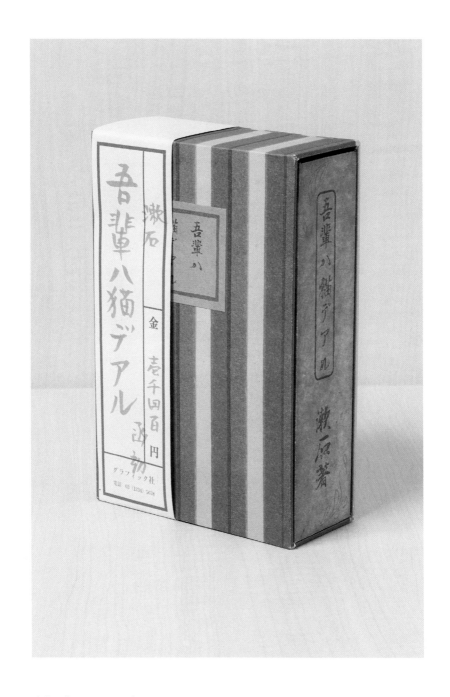

刊登日期：2009.06

佐佐木晓

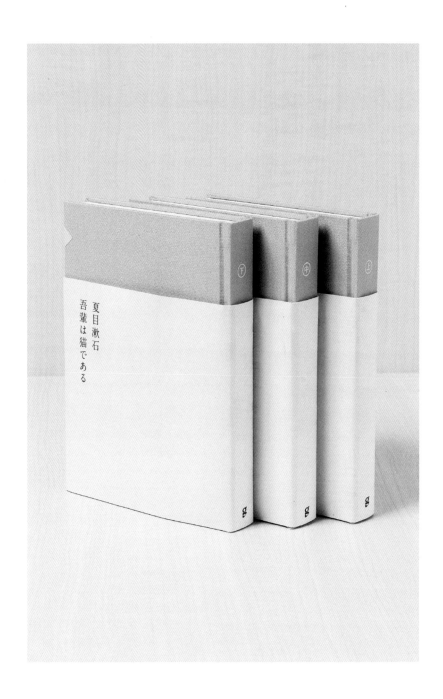

夏目漱石　吾輩は猫である

刊登日期：2009.06
collect.apply design company

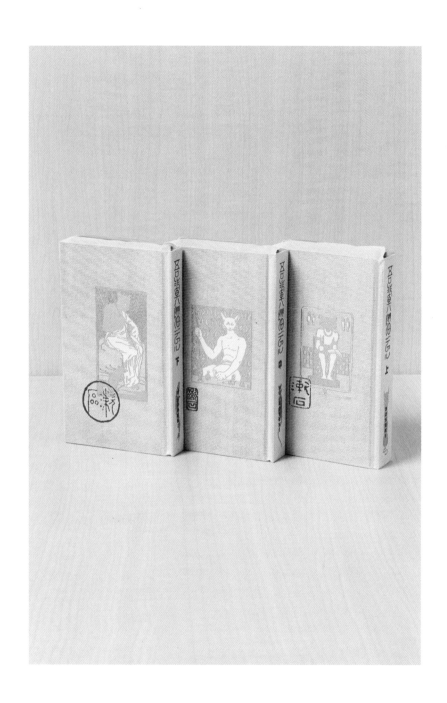

刊登日期：2009.06

祖父江慎

吾輩は猫である
夏目漱石

吾輩は猫である。名前はまだ無い。
どこで生れたかとんと見当がつかぬ。
何でも薄暗いじめじめした所で
ニャーニャー泣いていた事だけは
記憶している。

本书刊行特邀设计
佐藤直树

CASE.01 刊登日期：2007.01

寄藤文平

替代文字的猫爪印迹，
意在引发读者的阅读冲动

让人似乎听到猫爪划动时的刺刺啦啦声，
栩栩如生的猫爪印迹取代了文字。
通过巧妙的象征表现，
打破了书籍装帧的规则。

寄藤文平
Yorifuji Bunpei

1973 年出生。艺术设计指导。2000 年 12 月创建文平银
座有限公司。曾设计 JT（Japan Tabacco，日本烟草公司）
广告《成人香烟养成讲座》、《R25》封面插图，并著有《找
死手册》、《大便书》（大和书房出版）等。

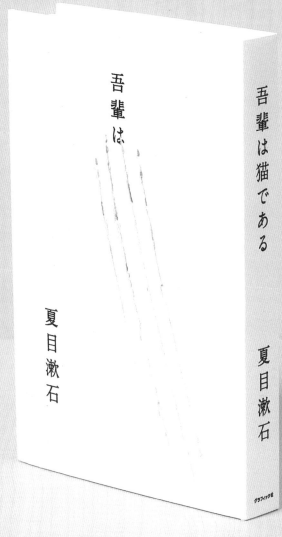

吾輩は

夏目漱石

吾輩は猫である

夏目漱石

グラフィック社

装订：上岛真一

本书的设计规格

护封：OKフロート（由平和纸业出品的聚烯烃合成纸），

32开，Y目（横纹纤维纸，主要用于纵向较长的开本），135kg

封面：同上

环衬：同上

扉页：白夜（由王子制纸出品的一种厚度薄却拥有充分强度与印刷性能的高强度纸），65g／m²

正文用纸：ソフトバルキー（日本三菱制纸株式会社生产的一种轻涂工粗面纸）

堵头布：伊藤信男商店货单No.84（黄色）

书签带：伊藤信男商店货单No.28（黑色）

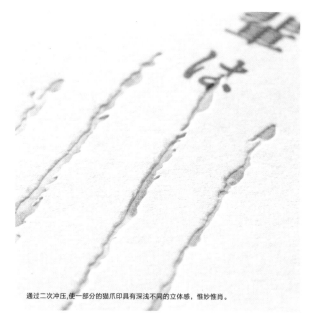

通过二次冲压,使一部分的猫爪印具有深浅不同的立体感,惟妙惟肖。

书脊的书名用压凹的纤细
阴影来表现。

黑色书签具有收敛的效果,
黄色堵头布配合了封面设计。

扉页使用具有透明感的"白夜"纸,看上去仿佛覆盖了一层石蜡纸一般。
环衬用纸保持了风格的一致。

CASE. 01

寄藤文平

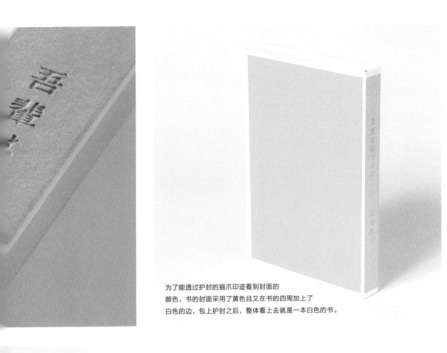

为了能透过护封的猫爪印迹看到封面的
颜色，书的封面采用了黄色且又在书的四周加上了
白色的边，包上护封之后，整体看上去就是一本白色的书。

正文每一行的文字量较少，阅读起来轻松舒适。

【书 籍 设 计 的 细 节】

以100年前的时代风貌为源泉进行了复古设计。
让人联想到江户川乱步的小说。

将夏目漱石笔下的主角变
为具有现代风格的形象。
考虑到装帧的协调性，建
议内文采用现代文与古体
文对照的表现形式。

这部作品通过猫来影射出作家自己的形象，从这样
的创作手法中得到启发而设计的"猫面具"，是一
个既独特又滑稽的设计方案。

在封面印上小说的开篇名
句作为书名，且将其一直
延续到书腰。设定为名作
系列丛书之一。

CASE. 01

寄 藤 文 平

《我是猫》全部是用记号来表示的，幽默滑稽。虽然画工看似
稚嫩，却有着一种令人神往、给人力量的无尽魅力。

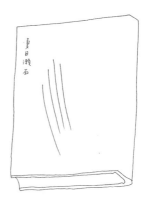

和以前的大众口味不同，简洁清新的设计风格令人印象深刻。
正因为是夏目漱石的作品，才会有这样的设计方案吧。

【设 计 灵 感】

让古典名著再现活力，
激发读者重温古典。

——寄藤文平

和《东京塔》* 摆在一起出售，我设计的这部书也能畅销

"如何将百年前的小说与现在联系起来？我以此为突破口，考虑了几个方案。"寄藤文平先生说着，将设计初稿一张张展示给笔者。有的设计具有鲜明的时代感和现代仿古风格，有的则是用作品的开篇话语表现出自我克制。其中有一款设计是在夏目漱石本人的脸型上画出猫面具，不是罩上像"虎面人"那样的面具，而是以作家本人的面容来表现出"猫面罩"，这就会显得十分诙谐有趣，变化无穷。而且，每一款设计都能表现出一位技艺娴熟的设计师所具有的吸引力。

"现在，为了让读者能够阅读本书，我认为大体上有两种方法：一是将这部书作为资

---

*《东京塔》，日本超级畅销书，累计销量已突破 200 万册。作者以淡雅且真实感人的笔触，抒发了对母亲的深切追忆。《东京塔》的人气之所以如此高涨，与它"哭泣小说"的身份密不可分。眼下在日本各大书店，"哭泣小说"大受读者追捧，不少二三十岁的年轻女性更是将书中"流泪可以缓解压力、放松大脑"的观点奉为时尚。

料呈现给读者。可以根据内容，放入和其有关的、当时流行的物品照片，作为一份能够很好地表现明治时代的资料，有人可能会去阅读。还有一种方法就是完全重新装帧设计。如果将这部书设计成现代轻漫画风格的话，那么即使和《东京塔》摆在一起，也不会有违和感，不过如果照搬原书内容，则会让读者感觉和整体装帧差距很大。为了配合这样的设计，我想最好让《东京塔》的作者利利·弗兰克重新改写《我是猫》，变成'夏目漱石著，利利·弗兰克译'才行吧（笑）。"

我们不能否认当时这种通过猫的眼光来讲述的故事曾令人耳目一新，但是一个世纪后的今天，难免会失去昔日的光彩。而且，本书主要面向的读者是初中生和高中生，如何吸引他们，让他们读这本书是这次改造的重点，如果没有某种可以唤起他们感性的东西，就难以达成共鸣。

"可是真要如此设计的话，又有点儿背离初衷了，有没有既能忠于原著内容，又同时具有幽默感和大家风范的犀利感呢？想到这些，我就有了现在的这个装帧方案。"

精雕细琢的独门绝技，挑战读者的理解底线

首先最让人感到吃惊的是书名的表现形式。书名竟然在"吾辈"

之后就没有了，猫爪印迹将后面的文字全部涂掉，真是令人意想不到。即使如此，不管是谁见到这本书都能马上认出是"吾辈是猫"，将作者和作品的知名度巧妙地与设计结合起来，让读者清晰地感到猫的存在，这一招真是令人叫绝。

"我感到这样的设计，可以使这部古老的作品再现活力。通过这样的设计，可以让人一下子体会到猫的心情。而且，在我内心深处，我一直以为夏目漱石非常具有反叛精神（笑）。从内容上看，作为主人公的猫确实经常冷言冷语，这也是此次设计的原因之一。一本书卖得好不好，虽然有很多不定因素，但好的装帧绝对会引发读者的阅读冲动，想要将其拥有并尝试翻阅。

"如果对书的护封进行冲压加工，透过冲压出来的猫爪印迹就可以清楚地看到下面的封面，这样效果会不会更好呢？因此，书的封面采用了黄色的OKフロート，书的四边设计为白色，这样的话，即使护封有些偏斜，书还是白色的，其整体印象并不会减弱。由于上述的精心设计，这本书看起来是一本白色、简洁的书，猫爪印迹可以说是所有设计精华的集中体现，从这个角度来说，我达到了我的设计目的。

"我在设计的时候总是力求'易于理解'，在这次设计中，我尝试了力求达到'易于理解的极限'。我认为这部作品是成功的。"

CASE. 01
寄藤文平

帆足英里子

(LIGHT PUBLICITY Co.,Ltd.)

仿佛活生生的猫一般，

让人爱不释手、备感亲近

不管是竖着摆、横着放，

还是抱在怀里，

都像是作品中跳出的三只猫，

看着就让人高兴。

帆足英里子
Hoashi Eriko

艺术指导。1975 年出生于横滨。1999 年毕业于多摩美术
大学，之后进入 LIGHT PUBLICITY Co.,Ltd. 工作。曾设
计过大量海报、杂志广告及书籍。设计作品有"资生堂
心机彩妆"、HMV（促销活动）等。

装订：上岛真一（美篶堂）

本书的设计规格

护封：无

封面：Grande（由斯特拉斯莫尔公司生产的高级印刷纸），雪白，32开，102kg

环衬：里纸（具有纸质柔韧自然、纸感古朴柔和特点的和纸）雪白色，32开，100kg

扉页：同上

正文用纸：ラフライトテキスト（竹尾公司特制纸），32开，73kg

堵头布：伊藤信男商店货单No.105

书签带：伊藤信男商店货单No.61

本来的设计方案是将猫尾巴贴在封面的背面，但经过和装订公司协商，决定将猫尾巴放在了书签带的底部末端。

用环保纸"ガイア（特种东海制纸株式会社生产）"作为护封，好像有一种猫的感觉一样。

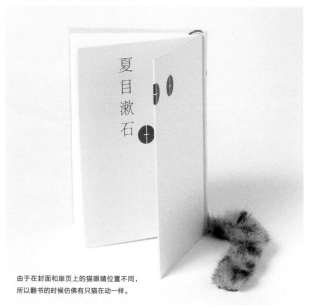

由于在封面和扉页上的猫眼睛位置不同，所以翻书的时候仿佛有只猫在动一样。

与封面色调相配的书口、堵头布以及圆形的书脊会让人联想到猫的背脊。

CASE. 02

帆足英里子

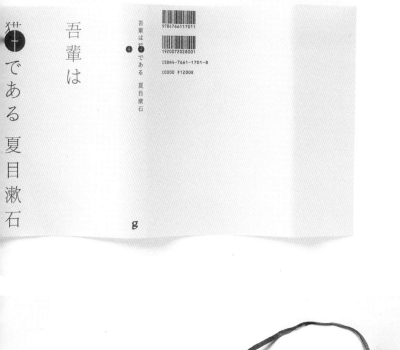

正文字体选用了 MATISSE M 的 13Q。行距为 32H，间隔和余白都比较大。

【书籍设计的细节】

将书名的"猫"字变形，并绘制成草图。
可以看出，在找到"猫眼睛"之前，曾经几易其稿。

书名的文字用了小号字的设计方案。
它和最终采用的设计方案相比，给人的印象更低调。

"猫眼睛"的变化。通过运用线的数量、粗细、笔触等，你可以发现它不断变化的表情。

CASE. 02

帆 足 英 里 子

关于"猫眼睛"的表情。没有参照实物猫，
而是受到了安迪·沃霍尔画册的启发。

通过使用人造皮毛，让人有了猫尾巴的真实
感觉。制作费用的大半都花在了这里。

【设计灵感】

设计一本令人好奇的、
看起来像猫一样的书籍

帆足英里子曾经为角田光代所著的《这本书就是世界的存在》以及乙一的《GOTH》、《被遗忘的故事》等书籍做过装帧，所以在书籍装帧设计领域备受瞩目。

"和广告比起来，书籍设计因为限制较少，偶尔做一做，乐趣无穷。我这次也是将其他工作扔在一边，一头扎进这本书的装帧中的（笑）。"

首先夺人眼球的就是书脊下面伸出来的毛茸茸的、字面所述的"猫尾巴"。从整体上看，可以将这部书想象成是一只猫。帆足英里子说这个想法是根据题目突发的灵感。是的，即使从远处看，这也是个令人震撼、新颖独特、诙谐轻松的书籍设计。据说在制作这本书的过程中，公司的同事曾夸奖说："这是什么！？简直太可爱了！"大家都很喜欢这个设计。

积极尝试各种加工和印刷工艺，是书籍设计的魅力所在。

——帆足英里子

"虽然有人会对纯文学敬而远之，但我想通过这样的设计，多多少少会涌起一点儿亲近感吧。进行书籍设计的时候，虽然书的形状都是一样的，但设计师还是要考虑如何最大限度地表现出书中的韵味，既让人感到新颖，又不违背主题。我想设计这样一本书，看到它就有想将它捧在手里的冲动，买了它就常常想将其放在身边，希望这本漂亮的书作为一件物品伴随自己。"

　　如果将白、黑、茶三种颜色的三本书全部凑齐，是不是会更热闹、更有乐趣呢？而之所以这样设计也是有其理由的。

　　"开始的时候，我只是考虑用黑色。可是重新阅读了本书后，才知道主角原来是一只身上带有斑点、黄灰色的猫，于是我急忙将其改成了三种颜色（笑）。我想干脆将这本书分为上、中、下三卷好了。如果把书中的文字安排得密密麻麻的，我自己也会失去阅读的兴趣，于是我尝试将字体变大、行距拉宽，这样的版面设计读起来会更加轻松。"

既有流行的轻快，又有文豪的气魄，两者平衡得到了很好的表现

　　题目中的"猫"字是与猫尾巴同样重要的设计关键。为了将"猫"字中的"田"字部分变为猫的眼睛，帆足设计师想了很多方

法——变换线条的粗细长短，改变圆的大小等等，真不知做了多少次尝试，修改了多少遍。

"想在单个文字里表现出整个猫脸难度很大，于是我改变了视点，决定只画出眼睛，这样更恰到好处。本想手绘的线条也许更能传递出所蕴含的些许暖意，但这么做似乎太过于真实生动了。而且，如果过分迎合少女情节的话，读者群很容易被限定，因此在整体设计上，我将重点放在了各方面的平衡上。"

书名和作者名的字体全部采用古典明朝体的"MATISSE"（类似中国宋体），让人认为这仿佛是一本教科书。线条细瘦的文字经过放大、简洁排列后，不仅让人感到了其中的幽默感，还能体现出一代文豪的宏伟气魄和"我"的威严风格。书的护封、封面、扉页、内页全部采用物美价廉、与猫皮有相似触感的环保纸"ガイア（特种东海制纸株式会社生产）"。与封面的色调相配的书口和堵头布、圆形的书脊等等都会让人想到猫的脊背，"这本书整个就是一只猫"的概念，在设计细节上也表现得始终如一。

"我认为这本书设计得非常有意思。广告设计往往需要很多人一起合作，那种集思广益进行的设计虽然令人期待，但书籍设计可以自由发挥个人的想象，也很不错。这两类设计我都喜欢，希望以后能够继续从事这方面的工作。"

CASE. 02
帆足英里子

CASE.03 刊登日期: 2007.01

松田行正

别出心裁的小幽默

端庄严肃中，

不经意浮现出猫的影子。

即使再过十年、二十年，

还想留在身边，细品其中滋味。

松田行正
Matsuda Yukimasa

从事书籍、杂志以及建筑物标牌的设计工作，是一位力
求设计风格简洁、遒劲的平面设计师。其主要著作有《圆
和四角》、《一千亿分之一的太阳系》、《眼的冒险》（获得
第 37 次讲谈社出版文化大赛书籍设计奖）等等。

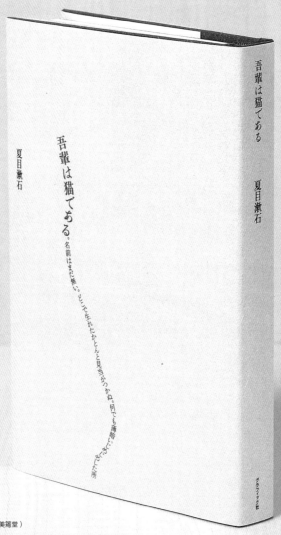

装订：上岛真一（美篶堂）

本书的设计规格

护封：テーラー（一种拥有自然色的无纺布特殊纸），米色，32开，Y目，103kg

封面：新黄板纸，炭黑色，32开，Y目，120kg

环衬：同上

扉页：新黄板纸，芥末色，32开，Y目，120kg

正文用纸：ホワイトナイト（嵩高纸中的一种），奶油色

堵头布：伊藤信男商店货单No.30（红色）

书签带：伊藤信男商店货单No.42（红色）

所有的信息都集中在了护封上，封面上只有最低限度的文字。

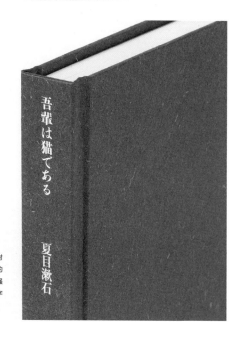

使用不同颜色，与封面纸张质感也不同的压出的文字，以增强其层次感。虽然文字很小，但十分醒目。

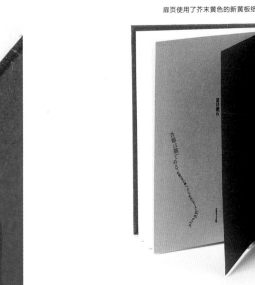

使用暖色调的纸张，通过对原文的罗列表现出猫的形象。因为是耳熟能详的作品，所以和一般装帧相比，书名使用了相当小的字体。

扉页使用了芥末黄色的新黄板纸，且将护封所用的设计缩小后嵌入其中。

【 书 籍 设 计 的 细 节 】

断然留出大量余白。文字排版让人感到安心舒适。脚注的轮廓仿佛猫尾巴一般，非常可爱，成为设计亮点。

这是参加浮世绘博物馆举办的以猫为主题的展览时买到的彩页简介。
这本插画册汇集了通过人眼所观察到的各种猫的形象，比照片更值得借鉴。

交稿的时候，一定要附加
一张指定用纸说明书。

CASE. 03

松 田 行 正

为了流畅、优美地表现出
猫的身体曲线，对每个文
字的角度进行了调节。

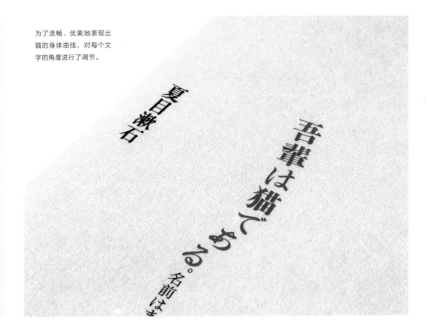

护封上勾勒的是书中这只黑猫的轮廓。

【设计灵感】

设计上尽可能避免平铺直叙。

此言不差，我最喜欢这样的设计。

——松田行正

因为书的开头和猫有关，这部名著才能如此去设计

松田行正先生不仅从事书籍和杂志等设计工作，还是出版公司"牛若丸"的负责人。他非常喜欢读书，用他自己的话来说就是"乘车时，哪怕只有一分钟也要读书"。有些书除了用于阅读之外，松田行正先生还另有目的。这些书只要让他看到，就一定会买下来。

"我喜欢折页封面的书，目前也正在收藏这类书籍。其中还有价格将近一万日元的大开本。虽然看中了折页封面，但书的内容却不敢恭维（笑）。这次我没有采用折页封面，主要是因为内容不合适。我认为折页封面更适合复杂的内容，像这样容易理解的故事没有必要去进行太过繁琐的设计。"

正如松田行正先生所说的，他所设计的这本书非常简洁，虽然只是将文字进行罗列，却毫不做作，闪烁着创意之光。用作者名字和小说开头的一句话串连起来的平滑曲

线，仿佛是某种物体划过的轨迹，而仔细一看，原来描绘的却是猫的身体轮廓。而且，如果顺着长长的猫尾巴找下去，还会发现它一直延伸到书的背面。乍一看，往往不会察觉，但只要稍加留意，就会给人惊喜，感到"别出心裁"。

"名著的开篇是其生命所在。这本小说的第一句话和小说题目是相同的，由于开始的字句是大家耳熟能详的，因此我原封不动地使用了这个句子。过去的希腊和罗马，就是用文章的开头来代替标题的，根本没有书名。我曾经想过以猫的眼睛为主题，还考虑透过薄纸可以看到猫的样子等其他设计方案。但总觉得如果这样设计的话会太直接，我希望我的设计能更有广度，能根据看法的不同得到全新的解释。我一直在追求这样的设计理念。"

为了让不喜欢读书的一代人也能容易阅读，采用了宽松的版面设计

在护封设计上，松田行正先生首次采用了无纺布。他说无纺布既可以让人联想到猫的皮毛质感，又可以让人感受到自然的触感。

"我想让这本书变得更轻一些，犹如怀里抱着一只小猫的感觉。这种无纺布虽然会随着时间的推移而褪色，但这也正是值得玩味的地方。

我认为，书只有在手头不断翻阅，才能触摸到它无尽的变化，只有到那个时候，你才能真正感受到它已经成为了一本只属于自己的书了。"

翻开米黄色的护封，封面是墨黑色。扉页采用了芥末黄色，象征着猫的颜色：白、黑、茶，这三种颜色的配合使用，给人一种潇洒高雅的感觉。

松田先生这次为了设计《我是猫》，在时隔几十年之后，又重新阅读了这本书。可是，松田先生苦笑道，读到一半就读不下去了。

"这可能是因为书的内容不符合我现在的心情和目的吧。阅读段落长、字号小、版面紧凑的文字读起来真的很痛苦。

"因此，我设计的版面尽可能每一行都短一些，多留余白。并将原文放到了每页的上侧，而不是中间位置，下侧留的余白更多，放入注解也绰绰有余。这样完成的版面设计更易阅读，也让人心里感到踏实。

"我认为这部作品应该在年轻的时候读一读。对于没有耐心的年轻人来说，这样的书籍设计，会使他们立刻就有读下去的信心了。"

CASE. 03
松田行正　　　　　　　　　　　　　　　　　　　052

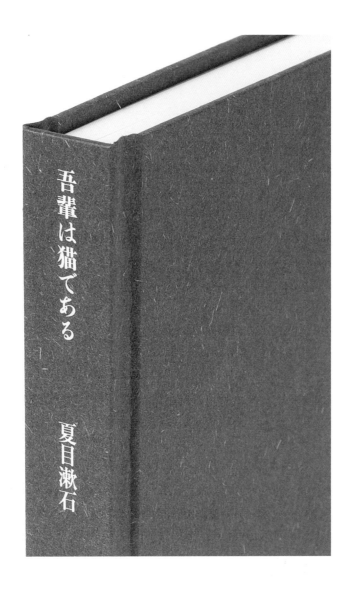

吾輩は猫である

夏目漱石

CASE.04　刊登日期：2007.06

针谷建二郎

（ADAPTER / ANSWR）

超凡脱俗的梦中幻境

让你想起60年代五光十色的时装，

重温如梦如幻、充满激情的色彩，

不仅如此，

还能唤起你不可思议的缕缕怀旧之情。

针谷建二郎
Harigai Kenjiro

1977 年出生于群马县。2003 年成立 ADAPTER。从事与
CD 封套及服装相关的平面设计、杂志书籍等的装帧设计、
网页设计、音乐录像带等的视频编辑、音乐活动等的企
划制作。2007 年成立 ANSWR。

吾輩は猫である

夏目漱石

吾輩は猫である

夏目漱石

I AM A CAT

装订：上岛真一（美笃堂）

本书的设计规格

护封：GAバガス（由甘蔗渣制成的一种纸），糖色，32开，Y目，135kg

封面：ミラーコート（光粉纸），铂金色，32开，Y目，110kg

环衬：キクラシャ（绒纸），黄色，菊判（日本纸张尺寸，218mm×152mm），Y目，69.5kg

扉页：ミラーコート（光粉纸），铂金色，32开，T目（纵向纤维纸，多用于横向较长的开本），110kg

正文用纸：OKライトクリーム（由王子制纸生产的书籍专用纸），69g/m²

堵头布：伊藤信男商店货单No.10（黄色）

书签带：伊藤信男商店货单No.3（黄色）

抽象的猫的图案设计、丰富的色彩，给人以梦幻之感。仔细观察，
会发现到处隐藏着猫的身影，让人感受到看尽世间万物的"眼睛"。

封面是在光粉纸上加了一层紫色。书脊考虑到
和封面的平衡，采用了方形书脊，简洁精致。

堵头布和书签带均采用
了与环衬相同的黄色。

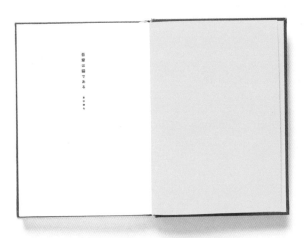

扉页和封皮均使用了光粉纸。"因为画面不够沉稳，
我想通过白色的扉页让其显得稳重一些。"

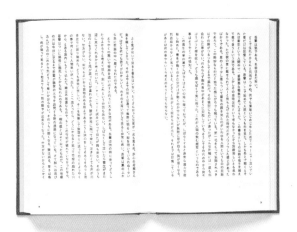

与给人强烈视觉冲击的封面相反的是其内页设计，采用了传统的文字版式，简洁大方、轻松易读。
选用"こぶりなゴシック（类似于中文的细黑体）"字体，让人看起来十分舒服。

【书籍设计的细节】

これは没有加入猫的轮廓之前的封面。和最终设计相比，这个方案似乎欠缺了一些"怀旧"气息。

对于书名的字体是使用明朝体（宋体）好还是哥特式（黑体）好，一直拿不定主意。最后，选择了既有冲击力又有表现力的加粗哥特式字体。

针谷受到了评论家植草甚一所编著的《仙境》一书影响。70年代前期，这本书曾经在非主流文化中起过重要作用。

内页排版富于变化。"我想最好是使用普通版式和哥特式字体，因此书名选用了哥特式字体。"

【设计灵感】

目的是让中学生能以购买T恤的心情拿起这本便宜的『娱乐小说』。

——针谷建二郎

表现出娱乐小说的开放和亲民

今年春天，针谷建二郎设计师成立了新公司ANSWR，正跃跃欲试，准备大干一场。迄今为止，针谷建二郎作为ADAPTER公司的负责人，不仅在广告、展览手册、CD封套等平面设计方面大展身手，而且在服装厂商的产品企划、促销活动的信息收集、视频编辑等领域涉猎广泛，备受瞩目。但是出人意料的是，针谷建二郎表示这是他第一次做书籍设计。

"书籍设计真是一件令人愉快的工作。我本来就很喜欢书，在我的人生旅途中，我接触最多的媒体就是书籍，甚至比网络和音乐还要多。我特别喜欢20世纪50年代风行于美国的垮掉派文学，还有过去的科幻小说。"

在这次的书籍设计中，针谷设计师把很多只猫抽象模型化，并以此进行了图案设计，其丰富的色彩给人以梦幻之感。这样

CASE. 04
针谷建二郎

的设计，使人印象强烈，让你在华丽中隐隐认识到了其中的"事件性"，仿佛日常生活中各种各样的琐事构成了一幅粘贴画一般。

"作为主人公的这只猫，在日常生活中时时刻刻都在偷窥，就像系列电影《保姆所见》中的一样（笑）。我认为，虽然现在大家都公认这本小说是部文学名著，但在百年之前，这本书应该是娱乐性更强一些的。因此，我想表现出书价低廉、轻松自由的感觉。作为构思，我很想将其做成一种具有花纹织物感的书。但是，如果过分强调平面设计的话，一旦发生丝毫偏差，文豪的气概就会不复存在，因此我注意了这方面的平衡。"

揣测与买家的距离感，融入怀旧感和亲近感

针谷设计师说，为艺术家设计的CD封套和书籍设计虽然性质相近，但对买家来说，其中的距离感是不同的。

"我认为，对于音乐或时装，设计的首要目的是令粉丝投入感情，使产品成为受追捧的对象。但对于图书来讲，让买家感到熟悉和亲切则更为重要。

"猫的图画如果过于娴熟精致的话，就会成为一件艺术品，和我特意追求的'亲民性'有所脱节。于是，我大胆地留下了一些稚拙的痕迹，让其看似外行随手画出的一般，再对轮廓进行加工，使之具有丝网印刷的'渗透感'，这种复古风格让人联想到了迷幻文化风靡的20世纪60年代。

"不过这样的风格会让人感到突兀，产生违和感，于是我特意将画面调得模糊了一些。我觉得这样做，不仅可以留住令人怀旧的成分，还能直接触发自己喜欢的感觉。在当今，精致美丽和简陋粗俗往往会产生两极分化，且后者会有更多的支持者。我认为如果过于细心雕琢的话，反而会让人心中与之产生距离感。因此，在设计上与其苦心积虑，不如留有余地，让人感到还不错就行了。"

与过去那种锋芒毕露、令人难以忘怀的作风不同，这次的书籍设计让我们看到了针谷设计师的另一面。看来作为多面手的针谷设计师又可以在他的工作中增加新的领域了。

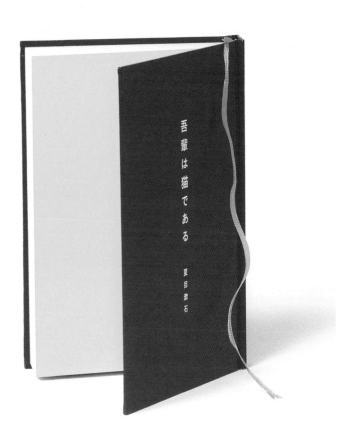

吾輩は猫である　夏目漱石

CASE.05　刊登日期：2007.06

池田进吾 (67)

对作家和主人公的
一片心意

手绘的文字，

仿佛出自夏目漱石的亲笔原稿，

再绘上一条朴素无华的鱼。

这是全部使用铜版纸做成的一部书。

池田进吾
Ikeda Singo

1967 年生于北海道。曾在设计事务所、广告制作公司等
工作。后来自己成立了公司。用自己出生那一年"67"
作为公司名称。从事平面设计、出版设计工作，很多书
籍设计作品给人留下了深刻的印象。

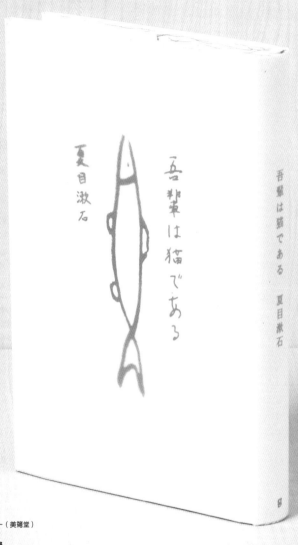

装订：上岛真一（美篶堂）

本书的设计规格

护封：珠光铜版纸N，32开，T目，110kg+石蜡纸

封面：珠光铜版纸N，32开，T目，110kg

环衬：珠光铜版纸N，32开，T目，110kg

扉页：镜面铜版纸，32开，T目，110kg+八光横造纸

正文用纸：珠光铜版纸，32开，T目，110kg

堵头布：伊藤信男商店货单No.19（黑色）

书签带：伊藤信男商店货单No.72（银色）

那只猫在腹中空空时停止了呼吸，而作家夏目漱石正巧也是因为胃病离开了人世，想到这些，作者在蜡光纸下的护封上画了一条鱼作为祭品。

环衬和内页使用了白色铜版纸。堵头布的黑色显得更加突出。

封面和扉页上眼睛的位置在不断改变着，因此翻书的时候会仿佛看到猫在动一般。

CASE. 05

池田进吾

封面上细细的猫毛是设计师一笔一划用蘸水笔画出来的。既没有书名也没有作者名，甚至没有一个字，简直就是一只猫的化身。

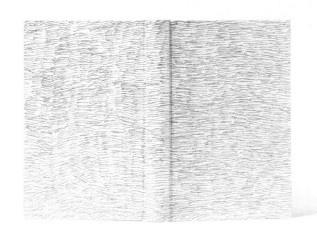

书签带比较粗，其长度大概只有书的长度的一半。"猫的尾巴有长短粗细，很难处理，在这点上只要像只猫就好了。"

将书名和作者名用八光薄模造纸做成插页，夹在扉页前面，就像竖起的一面小旗子。

【书籍设计的细节】

为了表示对作者一字一句进行小说创作的敬意，我在封面设计上很执著，
一定要使用手写文字来模仿夏目漱石的笔迹。图为我做的书写练习。

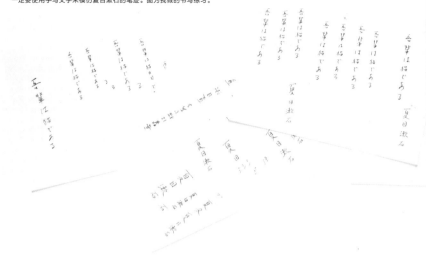

这是为了这次书籍设计而购买的蘸水笔。
"为了书写文字时能表现其强弱，我选择了笔尖较软的蘸水笔。"

CASE. 05

池 田 进 吾

在封面中使用的猫毛原画。原画比封面小了一圈，因此更加纤细。

封面设计图案的变化。初始阶段并没有鱼的图案，只有文字。

【设计灵感】

再现百年前的风貌，介绍现代技术，写给夏目漱石的『报告书』。

——池田进吾

如何将熟读作品之后的感想化为有形的设计方案？

如果你在书店里偶然看到一本书，随手拿起，就会发现很多书籍都是池田进吾先生设计的。这种让人不由自主地走过去翻阅且充满魅力的书籍设计秘诀到底是什么呢？

"哪里有什么秘诀。真的什么也没有。只是我在进行书籍设计的时候，一定会好好阅读那些文字，这就是我所有的设计秘诀。其实我的书籍设计就像我对作品本身的读后感一样，因此，我一定会通读整部作品。尤为重要的是，在整个故事中，自己能投入多少，能否变为书中虚构的登场人物，如何在故事中力所能及地东奔西走、到处活动。能做到这些的话，在读书的过程中，各种设计方案就会浮上心头。将这些灵感一点一点地记录到活版盘上，再对其进行总结，这样书籍设计也就基本完成了。"

为了看到设计成果，笔者专程去拜访了

池田设计师顺便进行了采访，当时池田先生正在为护封的设计冥思苦想，不能定稿。一问原因，池田先生说是因为这本书刚刚读了一半儿。虽然"模仿夏目漱石的笔迹，使用手写体文字"这一灵感从一开始就有了，但由于没有读完整部作品，对几个设计方案还是感到"有些不对劲儿"。过了几天，他读完这部作品之后，提交了设计方案。在最终提交的作品中，池田先生在护封上又加画了一条鱼。

"我想这只猫临死的时候一定很想吃鱼。那是因为在开始的时候，这只猫在别人看来不过是只野猫，一定不会让它每天都吃得饱饱的吧。夏目漱石也是死于胃病，这条鱼仿佛就是送给猫和作家的祭品了。"

封面与书名全手绘，以及全书使用铜版纸的理由

从另一方面来看，整个封面就是一只猫。封面全部都是用银色纤细的毛覆盖着的。这当然不是使用数码产品制作出来的，而是和书名、作者名一样，是池田先生一根一根亲手画出来的。

"根据我的想象，我觉得在那个时代，作家使用的应该不是钢笔，而是蘸水笔。那么，使用蘸水笔拼命写作会是怎样一种感觉呢？我想亲自体验一下夏目漱石可能做过的事情。于是我没有使用计算机

中的字体，而是着重于亲笔写、动手画。这种想法，在这次的书籍设计中一直难以割舍。而将护封用石蜡纸包住也是希望读者能够更加珍惜这本书。"

读书的时候，池田先生会以作家的视点、主人公的心情展开想象，有时候他也会停下来思考、和对方说话。想象着他进行设计的样子，似乎有些理解为什么池田先生所设计的书籍会那么具有吸引力了。

"整部书都使用铜版纸，理由何在？其实我是想让夏目漱石看看用铜版纸制成的书籍。因为我将这次设计看作是向作家提交的报告书，我想对作家来说，像这种纸张，100年前没有吧。至于为什么内页也使用铜版纸，其实并没有什么理由，就是想这么试一试（笑）。根本没有考虑到外观和手感。虽然我也很在乎所使用的材料，但如果过分在意的话，往往会因为材料而感到满足，忽略更重要的书籍整体设计。这就是我的性格。比起选材，还有很多需要做的事情吧。"

那么，这部凝聚了池田先生心意而设计的书，在夏目漱石先生眼中会是怎样的呢？

CASE. 05
池田进吾

平林奈绪美

CASE.06 刊登日期：2007.06

越用越有味道，
这才是日用品的魅力

书的形状让人不由联想到了文具。
那种越用越顺手、
令人爱不释手的记事本，
今天也会随手放入挎包里吧。

平林奈绪美
Hirabayashi Naomi

美术编辑、平面设计师。1992 年毕业于武藏野美术大学，
之后进入资生堂（宣传制作部）工作。2005 年成为自由设
计师。从事精品店的平面设计、CD 封套、书籍装帧等工作。
主要获奖作品有：NY ADC 金奖、British D&AD 银奖等。

装订：上岛真一（美簬堂）

本书的设计规格

护封（腰封）：ダイヤペーク（三菱不透明纸），32开，T目，90kg

封面：レザーペーパーユニ（仿皮纹纸），TK BLACK

环衬：ダイヤペーク（三菱不透明纸），32开，T目，150kg

正文用纸：ダイヤペーク（三菱不透明纸），32开，T目，90kg

堵头布：伊藤信男商店货单No.7（本色）

书签带：无

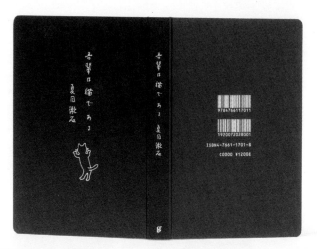

将具有高级感的仿皮纸作为封面用纸，会给人一种记事本的感觉。封面上猫的背影的插画作者是以设计Suica[注]企鹅形象而被大家熟知的板崎千春。

注：Suica（中文俗称：西瓜卡）是一种可充值、非接触式的智慧卡（IC卡，即乘车票证），适用于东日本旅客铁道（JR东日本）、东京单轨电车及东京临海高速铁道三种路线。

考虑到书籍的流通情况，使用腰封代替了护封，这样一来不仅能够防止污损，还能起到广告作用。

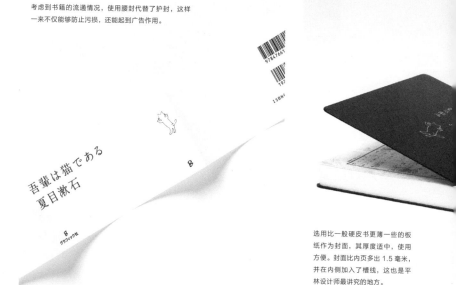

选用比一般硬皮书更薄一些的板纸作为封面，其厚度适中，使用方便。封面比内页多出 1.5 毫米，并在内侧加入了槽线，这也是平林设计师最讲究的地方。

CASE. 06

平 林 奈 绪 美

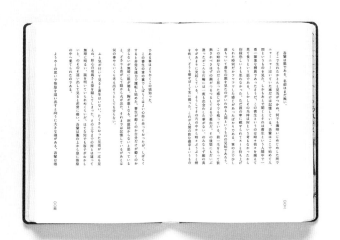

版面里面每一行设计得都比较短且行间距较大。内页用纸采用与环衬相同的三菱不透明纸。"内页使用了手感一般、光滑平整的纸张。"

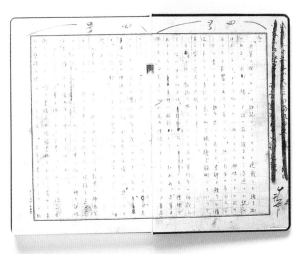

为了传递夏目漱石的"味道",设计师将作家的手稿印在了环衬所使用的三菱不透明纸上。

【书籍设计的细节】

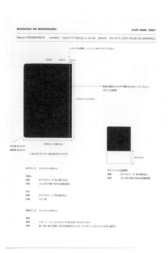

一定要将设计方案中的细节归纳到一张纸上，提交书籍设计
稿的时候，记得要附上这张纸。

正是因为使用了仿皮纹纸，才能
显出材质的高级感。这种材质被
广泛用于文件夹、活页抄等。

设计时所参考的书籍；含有手绘风格的图画及印有文字的别
致记事本，这是平林设计师在国外购买的心爱之物。

CASE. 06

平 林 奈 绪 美

思考中的封面图案：和最终采用的图案相比，插图的位置和大小均有些不同。"我曾考虑不要这幅猫的插图，但如果没有猫，就显得太单调了。"

设想中的腰封图案。一开始就考虑不要护封，而只使用腰封。由于封面是手写文字，腰封采用了印刷体文字，看起来清晰有力。

【设计灵感】

成为"自己的心爱之物"，这个过程令人珍惜

平林奈绪美女士在设计时，总会先考虑为谁而设计以及怎样去使用。"我在想，针对这部小说，小时候就在课本中学过还要特意购买精装硬皮书来读的人，一定是个书迷（笑）。既然如此，他们对于自己真正喜欢的书一定是百读不厌的，那么我想就要把这本书设计成那种走到哪里都能随身带着的一本书。"

一般来说，新出版的硬皮书，随身带着会感觉太重，也不是想在哪读就能读的，会觉得有些不方便。于是平林设计师想到了"记事本"的便利之处。记事本会越用越顺手，每天随手往包里一放也不在乎。这样会让人具有使用日常之物的感觉，希望读者不是"读书"，而是不断地"用书"，这就是这本书设计的初衷。封面采用了薄板纸，在板纸上贴了一层仿皮纸，用压花印上书名，书名的字体使用的是夏目漱石亲笔书写的文

或在上班的电车上，或赖在床上，舒舒服服就能阅读的纯文学读本。

——平林奈绪美

字，同时绘有一只白色的猫。为了防止书的四个角发生皱褶、扎人的情况，四个角都做成了不易伤手的圆角。"我想即使弄脏了也不会让人心里别扭，反而会觉得这样才更有韵味。你看那些外国的平装书，读着读着，书页就会变得皱巴巴的，书也就变厚了。我觉得那种书才让人爱不释手呢。读着读着，这本书会渐渐地变为自己的东西，那种感觉是再好不过的了。"

打开这本书，映入眼帘的是整整一页的夏目漱石的手稿。让人仿佛在阅读夏目漱石的手稿一般，又仿佛是在偷看先生的笔记。这样作家与读者的距离瞬间被拉近了。这种创意可谓独具匠心。

既没有护封，也没有书签带的简洁装订

"我讨厌书皮护封。作为一名设计师，竟然会有这种想法，恐怕要被人骂了吧？"（笑）

曾经设计过很多书籍，以"纸张收藏家"而闻名的平林设计师竟然说出这样的话，真是出人意料。那么，到底原因何在呢？

"您不觉得多余吗？尤其在日本，有书籍自身，还有护封、腰封，买书的时候，书店还会再给你包上一层保护书皮。我想难道真有

这么做的必要吗？我买了书，总是首先扔掉护封，因此我在设计图书的时候，也是以顾客扔掉护封为前提来设计的。我所设计的护封只不过是为了'防止污损'，顾客拿回家后就没用了。"

原来如此。听她这么一说，这次设计的书籍没有护封也就不难理解了。"不仅如此，我还觉得可以用付款小票或其他什么纸来代替书签带使用，所以这次也忍痛割爱了。"真是书如其人，平林设计师设计的这本书，让人感到既赏心悦目又简洁明快。

虽说不喜欢护封，但考虑到书籍要摆在书店里出售，也不能这么光秃秃地上架。于是，为了防止污损和具有刊登广告的功能，最终还是在书的外面围上了一圈白色的书腰。

"书腰的宣传效果是不可小觑的——可以让具有影响力的大人物在上面撰写一些推荐意见，这样也不错嘛。顾客一旦购买了这本书，书腰也就物尽其用了。请您立刻扔掉吧。"

葛西薫

CASE.07 刊登日期：2007.10

将猫的心情托付给
猫爪文字

刺啦刺啦，
用猫爪划出文字的痕迹。
作家的思绪和猫的心情重叠在了一起，
这就是充满新意的书籍设计。

葛西薫
Kasai Kaoru

美术编辑。曾在文华印刷公司、大谷设计研究所任职，
1973 年进入 SUN-AD 公司工作至今。曾参与三得利乌龙
茶、三得利啤酒、UNITED ARROWS 等广告项目。曾获
得 ADC 大奖、每日设计奖等众多奖项。

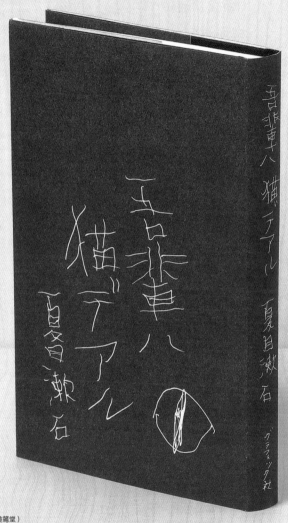

装订：上岛真一（美篶堂）

本书的设计规格

护封：ロベール（由日清纺制纸生产的一种高级印刷用纸），白色，32开，Y目，90kg

封面：八光装订社，八光纸，E2101

环衬：同上

扉页：同上

正文用纸：オペラクリームラフ（由日本制纸株式会社生产的一种大量运用于出版领域的嵩高纸），32开，Y目，72kg

堵头布：伊藤信男商店货单，白色（1R）

书签带：伊藤信男商店货单，黑色（22）

作者在超级环保用纸"OK SuperEco-plus"和高级印刷用纸
"Robert"中做了颜色比对，选用了高级印刷用纸"Robert"，
敏感地再现了抓痕文字的质感和气势。

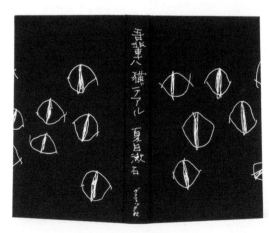

封面的黑布上用热压的方式印上了许多只猫的眼睛。白黑对比以
及压花的立体感，仿佛黑暗中闪烁的光芒，给人以强烈的印象。

CASE. 07

葛西薰

环衬也想用黑色系，但又不想要纯黑色，因此采用特殊印刷分两次印成了炭黑色。

扉页上的胡须，是将书名中"辈"字的上半部挪用过来设计而成的，这也是此次设计的一个亮点。

书脊为圆角，令人注目的地方在于书顶的书口未经裁切的"毛边处理"。

内页用的是 72kg 的嵩高纸。"我觉得又轻又软的纸做内页比较好，打开书的时候也轻松。用纸太厚太硬的话，翻开的书会自动合上。我讨厌这种感觉。"

【 书 籍 设 计 的 细 节 】

所谓的猫爪文字是葛西薰设计师用左手书写出来的。为了实现文字的效果，他进行了多次的练习，但"一旦掌握技巧后，反而会弄巧成拙，把握好这个度非常不易"。

护封设计的几种方案。"我会考虑几个图样，在提交设计方案时，我常常会将其汇聚成一种方案。"

遇到美妙的文字排版，就会复印下来珍藏，并时不时地拿出来鉴赏学习。葛西薰设计师说："对最终方案稍微有点疑惑时，这些藏品就能为我提供不错的参考。"

CASE. 07

葛 西 薫

葛西薫设计师说："选择用纸真是太让人痛苦了。"于是，他会将用过的、感到满意的纸收集
起来，并制作"用纸记录"，以便在需要的时候可以灵活运用到这本原创的纸张样品集。

"另外我还设计了一个方案。在如同黑夜一般的藏蓝色上，尝试用针一类尖利的东西刻写白色
文字。虽然背景的质感不错，但是由于文字不突显，因而最后还是放弃了这个方案。"

089　　　　　　　　　　　　　　　　　　　　　　　　【设 计 灵 感】

理解文人心情，
做出让作者满意的书籍设计

在进行书籍装帧的时候，葛西薰先生认为在考虑读者具有何种鉴赏目光之前，首先应该考虑作者是怀着怎样的心情来创作内容的。"因为作家赌上自己的人生，笔耕不断，所以我设计的书籍一定先要让作家满意。拍电影或做演剧也同样要有这种想法。"

"在这次的书籍设计上，我对作家夏目漱石是抱着毕恭毕敬、谨慎对待的态度的。"葛西薰设计师笑着说道。在黑色的背景上，浮现出仿佛被抓伤伤口一般的白色文字，这样的创意，给人留下了既简洁又新鲜的深刻印象。

"我把自己当成是一只猫，偶尔在页面上写了些字。如果用右手写字的话，我会下意识控制自己不要去成为一只猫，因此我不得不决定换左手来写。不过这样就需要多加练习，以此来掌握写字技巧。这种事我常干

与其说我是在设计'
不如说我是将想象中的图案'
在某种合适的场合呈现出来。

——葛西薰

了。我经常想要发现自己不同的方面，因此会尝试转换自己的身份去适应这种练习，设法磨练自己。我做的这本书名《我辈ハ猫デアル》（《我是猫》）是用片假名来表现的（现在通常使用的是平假名），这主要是因为这本名著在初次出版的时候用的就是片假名，还有我认为猫爪子也划不出像平假名那样有弧线的文字（笑）。"

书籍本身采用了贴布封面，与明治时期的名作非常相配。掀掉护封，黑色背景、白色压花文字会同时映入眼帘，仿佛黑暗中随时都会出现猫的身影一般。这种令人惊喜的感觉简直太棒了。

"贴布封面的书真是让人喜爱。这样的书拿在手里，不仅百看不厌，还可以在人们之间相互传阅。既然用了贴布封面，我其实更想为这本书配个书匣，但是考虑到成本问题，还是采用了现在的设计。书顶采用无剪裁方式，是因为我小时候曾经看到过类似的古书，那种疙疙瘩瘩的感觉挺好的。这样的设计会让人更具有文学情怀，能营造出纸张的整体氛围，这些都是让我感兴趣的地方。"

不留设计师痕迹的设计

葛西薰设计师每年要设计三四本书。在广告设计中他所表现出来的独特世界观以及贯穿始终的低调和优雅，究竟是基于怎样的洞察力才形成的呢?

"我不想刻意留下设计师做了些什么的这种痕迹。比如内页设计,我只希望读者看到文字本身就可以了。虽然有些设计师对页码设计很讲究,而我看到这样的书,反而会用手指挡着这些页码去阅读。我感到这些页码很碍眼,很不舒服。我只是有些拘泥于页码的位置而已。如果这些页码距离本文很近,就会让人感到混乱;如果离得太远,又太显眼。"

为了阅读方便,设计师采用了行间不加空格的版式设计。考虑到文字的笔画以及由于笔画的疏密不同所产生的效果,且还要注意假名比汉字小一些会看起来更自然,对眼睛更有好处,因此字体选择了明朝体(宋体)。正是因为尊重正统设计所具有的美感,葛西薰设计师的作品一下子抓住了读者的心,令人感到舒适愉快。

"文字排版既然已经有了一定之规,我没有必要将已经近似很好的东西故意破坏掉吧。这种所谓的常识值得肯定。因为一直从事这项工作,我渐渐地懂得了这个道理。"

CASE. 07
葛 西 薫

CASE.08 刊登日期：2007.10

新村则人

猫爪足迹踏遍书中，
讲述小说之外的另一个故事

孤寂并立的两只猫掌，
延续不断、轻松有趣的爪印，
让人忍俊不禁地想起
日常生活中滑稽可爱的猫咪。

新村则人
Sinmura Norito

平面设计师。1960 年出生于山口县浮岛。曾在松永真
设计事务所、I&S / BBDO 任职，1995 年成立新村设计
事务所。曾获得捷克布尔诺国际平面设计双年展金奖、
JAGDA 新人奖、东京 ADC 奖等多个奖项。

吾輩は猫である

夏目漱石

吾輩は猫である　夏目漱石

グラフィック社

装订：上岛真一（美篶堂）
加工：DROPS冲绳研究所

本书的设计规格

护封：curious touch soft（法国阿尔诺维根斯生产的一种特殊纸），奶油色，32开，Y目，84kg

封面：同上，奶油色，32开，Y目，84kg

环衬：NTラッシャ（名为罗纱纸的图画纸），浅灰褐色，32开，Y目，100kg

扉页：curious touch soft（法国阿尔诺维根斯生产的一种特殊纸），奶油色，32开，Y目，84kg

正文用纸：OKライトクリーム（由王子制纸生产的轻奶油色书籍专用纸），65g/m²

堵头布：伊藤信男商店货单 No.14（茶色）

书签带：伊藤信男商店货单 No.33（茶色）

采用真实的猫爪印，为了更加具有立体感，通过树脂加工，
让猫掌的肉球鼓起来，力求在可爱中透出真实。

猫的爪印从环衬连续不
断地直达扉页。

书脊为弧形，用比环衬
颜色稍深的花布制成，
和书签带相映成趣。

封面上一排猫掌，似乎猫咪走出了护封。

CASE. 08

新 村 则 人

正文内页也有着不断延续的猫爪印。每一幅猫爪印的
表情都略有不同，这就是其独到之处。

翻到一半，竟然会有老鼠跑进来的场面。仿佛一本展
开情节的图画书，让你在翻动书页的时候，乐在其中。

【书籍设计的细节】

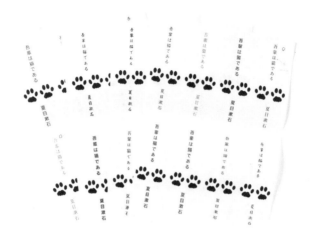

新村设计师会使用不同的字体，或根据侧重点不同的字体变化，首先做出几个设计模型，
从中选出自己最中意的设计作品。"根据文字的种类以及大小不同，排版也会不同。"

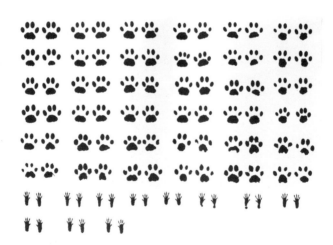

本以为爪印只有猫爪，但仔细一看却发现还有老鼠爪。眼前不禁浮现出了《猫和老鼠》中
的汤姆和杰瑞相互追逐的画面。

护封设计的演变。"刚开始想把猫的后爪放进去，但仅有前爪，更容易想象出猫咪正襟危坐的样子。"

猫像模样样地坐着到底是怎样一种姿势呢？在网上进行照片搜索时，注意到了这样两只前爪并立而坐的猫。

请朋友佐藤先生帮忙，让他的两只爱猫"小谷"和"小棋"在障子纸上走动了一番，从而采集它们的爪印。"如果用墨汁的话，对猫的身体有害，于是用酱油试了一下。'小谷'、'小棋'，谢谢你俩了（笑）！"

【设计灵感】

设计理念为『活着的猫』。坚守真实表现，不走虚幻路线。

——新村则人

采用具有动物皮肤触感的纸张，表现猫爪肉嘟嘟的感觉

新村则人设计师在资生堂、无印良品等广告设计领域曾取得过卓著成绩，他笑着说道："迄今为止，我的书籍设计作品也只有四五部。虽说喜欢书籍设计，但总觉得似乎可应用于书籍设计中的印象概念却不多。"虽说如此，新村设计师这次设计的书籍，让人仿佛感受到了猫的叫声、猫的体温，它看起来很漂亮，摸起来很舒服。

"因为手头正好有在以前工作中使用过的真正的猫爪印迹，因此我就想用它们来设计护封。可是，猫爪印迹怎么用都会让人觉得做作，我冥思苦想，怎么做才能让人没有这种感觉呢？"

为了更真实地表现出猫爪印迹，就需要在印刷上下功夫。于是设计师采用了树脂灌封加工工艺，通过凸起来的透明树脂，立体地表现出了肉嘟嘟的猫掌那既丰满又富有弹

力的特质。纸张使用具有滑润特点的"curious touch soft"特殊纸。这种纸拿在手里，仿佛在抚摸一只小动物，让人感到一种无以名状的舒适感。

"本来我还想过使用毛绒加工，可是那样做的话，就有些过头了。现在这种程度的触感设计正合适。那种紧贴皮肤的感觉非常有趣，还有在这样的纸张上面缀上肉嘟嘟的猫掌应该很可爱吧。开始的时候，本想将猫的后爪也放入护封，然而后来发现，只使用前爪，也能让人感到有只猫孤寂地坐在那里，而且，这样的设计和字体非常相配，对此深思熟虑之后，我决定采用现在这个设计方案。"

真实的猫爪印迹编织出猫咪栩栩如生的日常生活轨迹

内页设计更加独特。在内页下边的余白上，表情丰富的各种猫爪印迹绵延不断。而且仔细观察，你会发现在这些猫爪印迹当中，会混杂着一些小一圈的，或看似老鼠爪印的不同痕迹，你会觉得猫咪仿佛跳过了一个水坑，或是登上了一堵墙。这些不断移动的猫爪印，就好像在叙述一个故事，一只淘气的猫的形象跃然纸上。

"猫在走和跑的时候，猫爪印迹到底有什么不同？由于不知道实际是怎样的，我请爱猫人士佐藤先生帮忙，让猫在障子纸上走过，留下猫爪的印迹。这样我才知道猫的前爪和后爪之间的间隔，以及猫咪的各种习性。猫跑起来的时候，两只爪子会并拢，由此，我想到了猫捉老鼠的时候，爪子的状态大概就是这个样子吧。类似的实验，在各种工作中我都会做。这样的话就会更有说服力。在这次设计中，我参考了这些猫爪印迹，用电脑进行了加工，使之富有变化。不过若是全部使用这些真实的猫爪印迹的话，我想设计出来的作品一定会更加真实生动，妙趣横生。"

和小说齐头并进的另外一个故事。作为读者，难免会关心故事的结局，那么，新村先生到底为我们准备了一个怎样的故事结局呢？

"因为小说中那只猫最后死掉了，我本想在最后一页放入一只横躺着的猫的图片。可是我的一位同事说，那样的话这只猫就太可怜了。于是，还是让这些猫爪印迹在书中转上一圈吧——从环衬到扉页、内页，最后一直延续到版权页，然后再回到封面。我想至少也要让这只猫永远活在这本书里。"

在这部书的书籍设计中，倾注了设计师对那只猫温情脉脉的关爱，而这正是本书所特有的一处值得玩味的地方吧。

CASE. 08
新 村 则 人

は猫て

夏目漱石

長島 Rikako

CASE.09　刊登日期：2007.10

愤世嫉俗的猫、
微不足道的反叛

全然不顾小说家创作的艰辛。

蔑视作者，

用脏兮兮的猫爪到处乱踩。

旁若无人，到处淘气的猫。

长岛Rikako
Nagashima Rikako

艺术指导。1980 年出生于日本茨城。在武藏野美术大学
学习期间作品入选"一坪展"。2003 年进入博报堂工作。
做过的主要工作有未来市场高层会议以及 akariumu 等。
2004 年获得 NY ADC 特别功劳奖。2006 年获得 ADC 奖。

装订：上岛真一（美篶堂）

本书的设计规格

护封：硫酸纸

封面：グリーンラップ（王子制纸开发生产的一种环保包装纸），80g/m²

环衬：OKシュークリームラフ（由王子制纸开发生产的一种高级白色印刷纸，其特点为

具有丰富的纸张纹理，厚度较厚但却柔软），32开，T目，71.5kg

扉页：硫酸纸

正文用纸：OKムーンライトクリーム（由王子制纸开发生产的一种高级白色印刷纸，其特点为薄而轻，

印刷不易透色），B判（日本纸张规格，765mmx1085mm），43.5kg

堵头布：奶油色

书签带：奶油色

封面使用原色牛皮纸（防水包装纸）。标签文字为了表现出活版印刷的情调，特意进行了轮廓加工。

环衬的背面和夹衬上印上了黏黏糊糊、连续不断的猫爪印。透过半透明纸做成的夹衬，可以看到扉页的书名。这也是长岛设计师最讲究的地方。

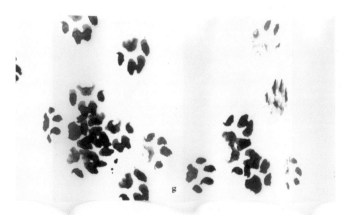

环衬上的画面仿佛是被猫弄撒的墨水，墨水正在向四周扩散。"实际泼墨试了试，墨水总是扩散得不够好。最后，还是使用了现成的图像（笑）。"

干净利索的直角书脊，给人以
装在书匣中的古书印象。

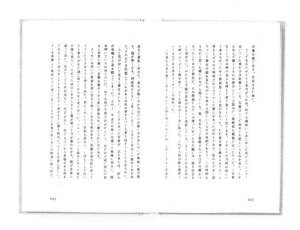

内页采用重 43.5kg 的 OK ムーンライトクリーム。"版面比较宽松，为了
不让书变得太厚，我选用了比较薄的纸。"字体为 S 明朝体，很有品味。

【书籍设计的细节】

为了一目了然，设计师将指定用纸汇集在了一起。从这里可以看到，环衬背面、夹衬随着猫的移动，猫爪的墨迹会变得越来越浅。

让娘家的猫和学长家的猫帮忙完成了猫爪印的采集。

CASE. 09

长岛Rikako

在纸张的选择上，特地拜访了王子造纸的纸张陈列室。"接触到很多种纸，要是能够了解这些纸的印刷效果就更好了。于是我将所有种类的纸都带回了家。"

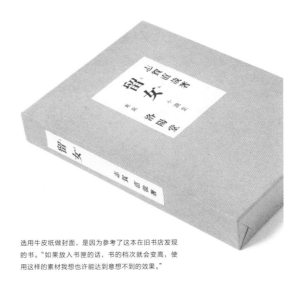

选用牛皮纸做封面，是因为参考了这本在旧书店发现的书。"如果放入书匣的话，书的档次就会变高，使用这样的素材我想也许能达到意想不到的效果。"

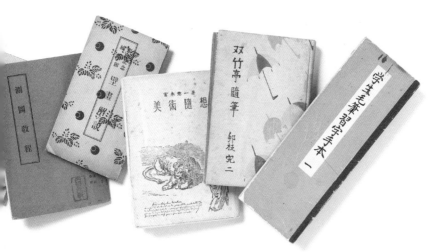

长岛设计师第一次到旧书店，就被古书的魅力吸引住了。这些书都是很好的参考样本。"让年轻人感受到古典图书的精美及引人入胜的气息，我认为这样会更有效果。"

【设计灵感】

脏兮兮的猫爪印到底意味着什么?

"一直都想尝试书籍设计的工作,所以我很有干劲儿!"在博报堂工作第五个年头的长岛设计师说到。去年长岛女士获得了ADC等大奖,在广告界崭露头角,而做书籍设计还是头一回。那兴奋的语调,使人仿佛可以看到她正在考虑各种方案和她那正在兴高采烈进行设计的身影。

"其实我刚接到这项工作时,立刻就想到了一个试做方案。我当时非常自信,认为那样设计出来的书一定很可爱。可我还没有读过这本小说,于是想先好好读读。读过小说之后,我感到当时的想法似乎有些不对劲儿。采用别的表现手法会更适合这本小说,于是我从零开始思考。

"由此在我脑海中浮现出的是将猫爪印作为设计的基本元素。这些猫爪印看起来与其说是可爱,不如说是有些粗暴无礼,显得漫不经心。然而看到环衬,你才会觉得原来

不断加入现代元素的同时,将一份手捧古书时的感动,传入读者心中。

——长岛Rikako

如此，明白其中缘由。

"我想当书摆上书架，作为一种吸引读者注意的方法，让顾客觉得书脏分分的，也是一个不错的主意吧。面向当今时代，人们特意重新出版了夏目漱石的这本书，对人们来说，这本书能赚钱，而猫对此却满不在乎，甚至会嘲笑这种想法，因此会随意弄脏它，从这个角度来说，我认为这与小说内容也十分相符。因此，我设想那只猫弄翻了夏目漱石使用的墨水瓶，里面的墨水撒得到处都是。而这只猫仍然我行我素，到处乱跑。仿佛在说：'弄脏了，你能把我怎样？'"

如何再版经典书籍？

虽然设计上的创意已经定下来了，但如何实现这个创意，却困扰着长岛设计师。虽然护封的设计可以令人注目，但是向现在的年轻人宣传这部历经百年的小说，如何做才好呢？为了激发灵感，长岛设计师专程去了古旧书店，在那里她获得了意想不到的收获。

"我以前从来没有进过古旧书店。手捧这些旧版书，我感到无论从纸张，还是样式，这些书籍都有着古典美术品的风范，这是现代图书无法比拟的，对此我心绪难宁、浮想联翩。就如同最近，有些人为了将农村的老房子重新翻修，特意从城里移居过去一样，将这本明治时代出版的书重新设计，给这本书注入新的生命，是令人兴奋和激动的，我想如果能做到这些就太好了。"

长岛设计师在古旧书店看到半透明纸，立刻心动不已。她决定将这些猫爪印印刷到半透明纸上，再将半透明纸包到原色牛皮纸做成的封面上。而且为了有意识地凸显活版印刷，她还在书名标签的四周特意将文字字迹透出一些，考虑到作家曾经立志成为英文学者，在书名下方同时印上了英文书名。这样一部散发着西洋味道的现代仿古装帧书就完成了。

"书籍设计和广告相比，设计的自由度更高，正因如此，就需要制定一些规则来约束自己，这样才有意思。然而，我认为书籍设计的方法和广告有相似的地方，它们都有既定的规则，在这一点上两者是相同的。以后有机会我还想尝试。"

吾輩は猫である
夏目漱石
I am a cat. Soseki Natsume

CASE.10　刊登日期：2008.02

大久保明子

名著系列丛书的
再版敬献

大号字体的书名，配上个性十足的印章。

两本、三本，希望将这些汇集成一套，

形成平成复刻版名著系列丛书。

大久保明子
Okubo Akiko

1971 年出生于琦玉县。多摩美术大学毕业后，就职于文
艺春秋设计部。主要从事书籍设计工作。曾获第 38 届讲
谈社出版文化书籍设计奖 [《真鹤》(川上弘美著)]，同时
任 PALETTE CLUB 插画课程讲师。

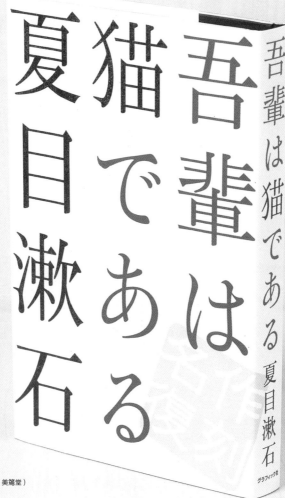

装订：上岛真一（美篶堂）
协作：村田金箔

本书的设计规格

护封：コットンライフ，雪白色（由特种东海制纸株式会社生产的一种具有木棉触感的特殊印刷用纸），32开，Y目，112kg

封面：NTほそおりGA，黑色（由日清纺生产、竹尾株式会社销售的仿布纹纸），32开，Y目，100kg

环衬：同上

夹衬：まんだら（曼陀罗，和纸的一种），纯白，薄型

扉页：同护封

正文用纸：オペラクリームラフ（由日本制纸株式会社生产的一种大量运用于出版领域的嵩高纸），32开，67.5kg

堵头布：伊藤信男商店货单 No.35

书签带：伊藤信男商店货单 No.28

在书名《我是猫》之后，在封底接着配上了小说原文。为了和书名区分开来，特意加入了句号，绝妙地表现了封面和封底的平衡。"用大号字体好，还是小号字体好？你喜欢哪种字体？"

用黑箔在封面压上猫爪印做装饰。"因为在护封上没有猫，让猫在这里低调上场了。"

增加了现在很少使用的夹衬页。"在书籍设计上，层数越多越有意思"，大久保设计师有其自己的设计风格，在正文开始之前，她刻意设计了很多"夹衬页"。

CASE. 10

大久保明子

吾輩は猫である　夏目漱石

在护封和扉页的用纸上一直犹豫是否要用特殊印刷纸（ＯＫミューズガリバーエクストラ，由王子制纸于1995年开始销售），最后还是选择了仿佛棉布一样，具有独特手感的コットンライフ（Cotton life）。因为在对文字的颜色进行三色校正的过程中考虑到了颜色与纸的适配效果，因此采用了这种纸。

"夏目漱石"所用字体给人棱角分明的印象，与此相匹配采用了直角书脊。

正文用纸选用嵩高纸，排版字体为10号明朝体。为了便于阅读，采用了行间距和文字大小相同的排版，注音字号也比较大。

【书籍设计的细节】

护封版面设计的变化。在"猫"字的下面换行。

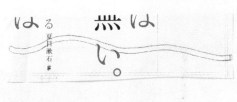

护封设计的变化。整个延伸在护封上的猫尾处理，总会令人嗅到猫的气息。

CASE. 10

大久保明子

封面的猫爪印。
备选设计方案的插图速写。

曾经考虑过的设计方案；在护封上刻出一只猫的形状，或是印上猫的插图。

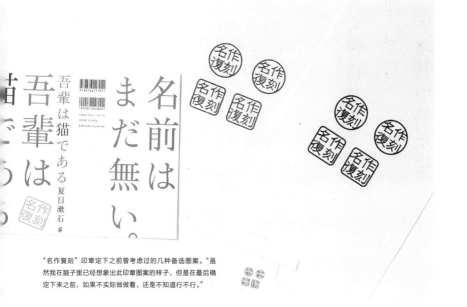

"名作复刻"印章定下之前曾考虑过的几种备选图案。"虽然我在脑子里已经想象出此印章图案的样子，但是在最后确定下来之前，如果不实际做看看，还是不知道行不行。"

【设计灵感】

将这本书设定为系列丛书中的一册

　　文艺春秋设计部的大久保明子设计师每年要设计50本单行本图书。当笔者问到何为书籍设计的魅力时，她是这样回答的："书籍设计不只是平面设计，但也不完全是立体设计，属于半立体设计，正是这一点让书籍设计变得非常有意思。书籍装帧有护封、封面、夹衬、扉页等很多层。设计的时候，需要考虑各方面的平衡，这会使设计变得更加有趣。我觉得这样构成的东西，除了书籍之外，还真是不多。"

　　大久保设计师给我们提出的设计方案是大胆使用文字来彰显设计特点。书名使用大号的明朝字体，即使从远处看也能一目了然。据说在这次书籍设计中，最令大久保设计师伤脑筋的就是"名作复刻"的印章，而这枚印章文字的效果确实不错。

　　"开始的时候，我也曾有过使用照片做护封的想法。如果请V6的冈田君（V6是日本

书籍设计的半立体结构充满魅力。因其具有多重构造而难于设计，但正是这一点才更让人领略其中的乐趣。

——大久保明子

尊尼事务所旗下的偶像男团，冈田准一是其中的一员）打扮成一介书生的话，这本书就能畅销了吧（笑）。 但是从现实出发，我想如果这本书真的要出版的话，也不会仅仅只有《我是猫》这一本吧。我觉得应该是一套丛书，将几部名著重新刻板印刷，《我是猫》只不过是其中的一册，这样一来现在的设计应该会更加自然一些。因此我考虑在书的护封上加上了'名作复刻'的印章。在想到这个设计方案之前，我曾经考虑过加入猫的插图，或是使用猫的尾巴等等。然而在这次设计中，我改变了思路，尝试了不从小说内容中提取要素的方法。"

接着"《吾辈は猫である》（《我是猫》）"，在护封的背面用同样的字体印上了正文中的开场白"名前はまだ無い（名字嘛还没有）"，让人即使从书的背面看，也能知道这是本什么书。与此相照的是，封面用纸采用黑色，以黑色为背景，用同样的颜色压花，有意无意地配上文字和猫爪印，令人感到气氛的平和。"因为护封具有广告作用，读者即使扔掉护封去读这本书也是可以的。"

书籍设计力求达到百分百与图书相配

大久保设计师对封面折边部分的压花设计充满了期待。因为这种设计平时很难实现，所以很想尝试一下。

"像这样在边缘部分进行压花的话，有人会说设计成这样容易导致磨损，最好不要这么做。一般来说，我也不会设计夹衬，但我觉得对于这本小说而言，也许有夹衬会更合适。我想象着读者在翻开封面之后首先会停留片刻，然后再进入故事世界的那个场面。"

　　虽说选择了夹衬，但为了避免护封的污损，护封采用了亮光平板印刷，这样的精心设计，才真正符合洞悉书籍设计的大久保设计师的风格。在个人生活方面，大久保设计师已经做了妈妈，带孩子很费精力，即使把工作带回家也很少能腾出时间去做，因此在脑中仔细推敲的时间渐渐多了起来。

　　"以前设计的时候，我会先动手画一画，而现在则会在脑子里想，直到基本成型的时候才去动笔。我一定会考虑几个设计方案。当一个方案完成以后，再重新开始考虑另外一个完全不同的方案。在制定方案的过程中我时常会问自己，这个方案到底是不是百分百满意的，这个方案是不是唯一的方案。"

名前はまだ無い。

著者は猫である 藏田靜石

9784766117011

192007202800I

ISBN4-7661-1701-8

C0000 ¥1200E

定価(本体1400円+税)

123

奥定泰之

CASE.11 刊登日期: 2008.02

"语言"唱主角的
书籍设计

从白色方块中，
层层叠叠浮现出来的文字，
突出了语言的存在感，
是名著的新型样式风格。

奥定泰之
Okusada Yasuyuki

平面设计师。主要从事书籍、杂志的装帧设计工作。
现从事《早稻田文学》、《alluxe》等的广告设计工作。
曾在第 40 届书籍设计大赛中获奖，在第 2 届竹尾赏中
获优秀奖。

吾輩は猫である

夏目漱石

装订：上岛真一（美篶堂）
协作：村田金箔、弘阳

本书的设计规格

护封：ヴァンヌーボVG（由日清纺开发生产的一种高级印刷用纸），白色，32开，Y目，110kg
封面：リアクション（由竹尾株式会社销售的一种表面只需进行细微压印凸浮处理，便可实现美丽效果的高级纸）
香草色，680mm×1000mm，T目，75kg
环衬：里纸（具有纸质柔韧自然、纸感古朴柔和特点的和纸），白色，32开，Y目，100kg
扉页：テーラー（一种具有自然色调的无纺布特殊纸），白色，32开，Y目，51.5kg
正文用纸：モダンテキスト（由竹尾株式会社销售的一种纸质柔软，具有肌肤触感的轻涂嵩高纸），32开，Y目，72kg
堵头布：伊藤信男商店货单 No.82
书签带：伊藤信男商店货单 No.26

设计师注意到作品中"小提琴"一词，它作为故事线索中的一件物品曾多次出现。于是特意摘出这些段落用在护封设计上。

要求压花的时候尽量深一些。"我觉得这种护封用纸如果实施压花工艺的话，会变得很有意思，一定要借此机会试试看。"

将小说书名也就是正文开头的文字，按照原版的印刷原封不动地挪用到书脊上。"虽然是偶然的效果，但我想即使是我特意安排也会做成这样。这样的排版真是绝透了。"

封面采用仿佛星光闪烁的リアクション，并在上面进行了压花加工。

CASE. 11
奥定泰之

书脊部分指定为活腔背。"我认为书脊悬浮起来，书更容易打开，更令人心情愉快。"

正文全部使用旧字体，为了凸显汉字，采用了15级的岩田明朝旧式字体。页码采用Bodoni字体，为本书增添了一丝西洋风格的魅力。

【 书 籍 设 计 的 细 节 】

将从小说中摘出的段落粘贴在一起，用这样的拼图来实验版面效果。文摘的背面贴有可以粘贴自如的多次贴胶。

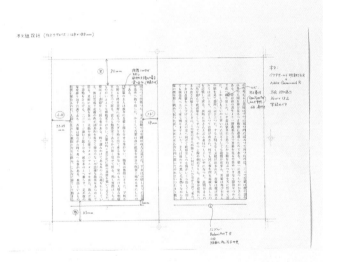

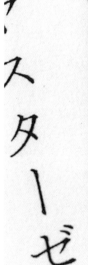

正文排版的设计图。将版面的余白设计得比平常宽一些。"这部小说刚出版时，其内容是相当离奇的，而余白设计正是要反映出这离奇之处。"

CASE. 11

奥定泰之

护封以及正文所用的文摘部分来自角川文库出版的版本。从这些标签纸可以看出，
设计师在仔细阅读小说的同时，也在认真考虑摘选哪些合适的段落内容。

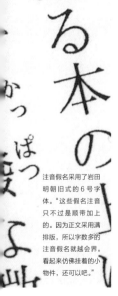

注音假名采用了岩田
明朝旧式的 6 号字
体。"这些假名注音
只不过是顺带加上
的。因为正文采用满
排版，所以字数多的
注音假名就越会界。
看起来仿佛挂着的小
物件，还可以吧。"

"为了设计这本书，最花时间的就是读书。"正如设计师所说的，
他不仅阅读了《我是猫》，还参考了很多相关的评论类文献。

129 【设计灵感】

平淡无奇的日常琐事

写成小说竟然如此妙趣横生，

这就是『语言的力量』。

——奥定泰之

着眼于逆时代潮流的独特文体

奥定泰之设计师曾经想要成为一名小说家。他很喜欢夏目漱石的《我是猫》，在整个书籍设计过程中，他又好好地将这部小说读了两遍。

"重读这部小说，我感到脑中全然没留下猫的印象。我认为与其说猫是作为具体的动物形象来描述，不如说仅仅是作为小说中的'语言'陈述工具。"

因此，奥定先生想到了以"语言"为主角的书籍设计。护封设计是将小说中摘出的文章段落横、竖、斜组合排列，按照色版、墨版、压花、网版印刷、UV印刷的顺序进行印刷加工。乍一看，只不过是在一张纯白色的纸上印上了书名和作者名，但是根据角度或光线的不同，就会看到很多文字一层一层地从下面透出，若隐若现。这令人感到不可思议，将其拿在手里，你会一下子触摸到表面的凹凸不平，那种出人意料的视觉上和触觉上的层层递进，会让你惊喜连连。而且设计师以文字为特点的出神入化的设计，其理由更是发人深省。

"读了柄谷行人所著的《漱石论集成》，我才意识到这部小说的精彩之处在于文体，也就是语言本身。作者在写这部小说之前的将近20年里，日本现代文学正发起使口语和书面语一致的'言文一致'运动，对话部分要求变为口语体，描述部分也要求相应地从文言体变为口语体。总之，这场运动是要将讲故事的人变成透明的存在。在这样的历史背景下，谙熟汉文的夏目漱石却表现出了抵触。小说正体现了这种抵触感。讲故事的人不仅没有变为透明的存在，而且还堂而皇之地化身为猫去发表主张。事实上这部书最重要的并不是'猫'，而是讲故事的人所说的话。我考虑将所有这些话进行归纳总结，用来设计本书。"

为了让这部文学名著成为读者自身的精神食粮

正文的排版也很有特点。把初版时的旧假名、旧汉字做了文字变换，用岩田明朝旧式字体进行满排。正文采用15级的大号字体，而注音假名却使用了非常小的6级字体，且只对必要的、极少量的汉字标上了注音。

"在这里，只有注音假名是现代的产物，在我看来这算是捎带的赠品了（笑）。旧体字读起来确实不易，但我并不认为读起来容易就一定会对阅读小说起到正面作用。希望读者读这本书时，不是一带而过，而是能读进去的，让这部文学名著成为自身的精神食粮。可以说这样的设计是与当时夏目漱石的抵抗相反的吧。将字体放大，也不是为了阅读起来更容易，而是要突出汉字的存在感。我认为这部小说汉字很多，而只有旧汉字才能传达出个中真意。"

内页采用了有益于眼睛、令人心静的浅奶油色轻涂纸（モダンテキスト），它不仅具有柔滑的触感，而且文字看上去清晰亮丽，印在上面有着和纸张不同的光泽，这一点正是令设计师满意的地方。

在忙碌的日常生活中，虽然用于阅读的时间非常有限，但对奥定设计师而言，令其充满期待的这本书能否会让读者重新感受到阅读带来的快乐呢？

夏目漱石

Blood Tube Inc.

CASE.12 刊登日期：2008.02

跨越过去和未来的设计

封面，让人联想到未来的宇宙。

环衬，令人怀旧的日式纹样。

其设计之妙就在于

不同风格相映成趣的不对称性。

Blood Tube Inc.

1994年金子敦进入博报堂工作，金子泰子进入SUN-AD
公司工作。2005年，两人成立了广告制作公司Blood Tube
Inc.。其工作领域涵盖从商品开发到广告推广，从现实到
虚拟的设计及艺术指导。

134

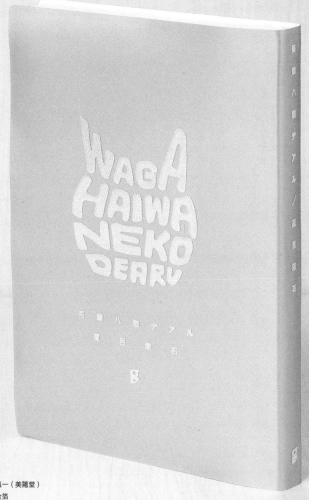

装订：上岛真一（美篶堂）

协作：村田金箔

本书的设计规格

护封：无

封面：クレスタ（一种厚型水彩纸）No.7，银色

环衬：OKブリザード（由王子制纸生产的单面彩晒牛皮纸），900mm×1200mm，129.5kg

扉页：OKシュークリームラフ（由王子制纸生产的具有丰富质感的乳白色高级印刷用纸），32开，Y目，71.5kg

正文用纸：同上，32开，Y目，71.5kg

堵头布：无

书签带：无

环衬设计上采用了旧时点心盒的花纹样式。在漂白牛皮纸上印上了一层荧光色，沉稳的配色表现出了明治时代的风格。

以字典为蓝本，采用没有书签带的圆形书脊。"如果是字典的话，就不需要书签之类的东西了，在必要的时候，将页边折起来就行，因此只好将书签带忍痛割爱了。"（泰子设计师）

因为没有字典那么厚，拿在手里软绵绵的很舒服。

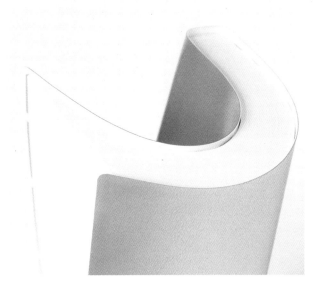

"如果书角设计成尖形，那么在使用过程中难免会发生折角或掉角。"（敦设计师）为了使用起来更加方便将书角设计成了圆形。

扉页和封面相同，用荧光笔将英文书名设计为猫的形状。在选择用纸上一直拿不定主意，最后选择了名为"OK シュークリームラフ（法语的译法为 OK 奶油泡芙）"的高级书籍用纸，毫无疑问，"这种纸的名字听起来似乎很好吃"。

正文采用了 Hiragino 字体（由日本字游工房设计的系列字体），宽松排版，"具有广告正文的效果"。（敦设计师）考虑到"为了看起来舒服，也不显脏乱"，用纸选择了微黄的颜色。

【书籍设计的细节】

泰子设计师中学时开始使用的英语字典。这次的书籍设计就是受此启发的。

在国外买的仿动物皮毛的笔记本。"因为书中有猫，所以曾经考虑用这种动物化的材质，但是这种材质似乎在使用过程中会掉毛（笑）。"（泰子设计师）

CASE. 12

Blood Tube Inc.

封面采用的塑胶纸样本。"这种用于记事本或文件夹的材料，使用起来不用担心会
弄脏书籍。"（敦设计师）

将书籍本身当作一面墙的设计方案。如果再加上一条书签带，看起来仿佛一只猫在
墙上走动。这个创意虽然很独特，但是"如果书签带掉了会怎样呢？如果书店不将
书平放在书架上又会怎么样？这些问题都会在现实中出现"。（敦设计师）

【设 计 灵 感】

从猫的角度看到的人类世界的愚蠢行为，
以及这部小说所蕴含的流行元素，
如何在经典和创新中得以传承？
——Blood Tube Inc.

是漫画，还是科幻小说？
出人意料的设计目的是什么？

金子敦和金子泰子夫妇的设计组合Blood Tube Inc.曾经为三得利和日产汽车等设计过广告。这次可以说是第一次从事书籍设计工作，这项工作和广告设计好像有很多意料之外的不同之处。

"广告有着明确的目标，为了达到目标，客户、创意总监、广告文案撰写人、摄影师等需要多次商议协作，然后再将这些想法意见不断地在广告设计中表现出来，艺术指导似乎只是起到一个协调的作用。但是书籍设计需要从零开始全部由自己一个人来决定。这一点上和做广告的烦恼完全不同。这也许可以说是艺术总监和设计师的根本区别吧。"（敦设计师）

在工作中，他们夫妇两人总是互相探讨、创意频出、协作完成。这次他们也以其工作室独有的方式，快乐地完成了这部书的

CASE. 12
Blood Tube Inc.

书籍设计工作。银色压花而成的英文书名，仔细一看原来是猫脸的形状，乍一看仿佛是一本科幻小说。如果这本书摞着摆在书店里出售的话，读者恐怕会误以为是《星球大战》，而谁也不会想到是明治时期的文豪著作《我是猫》吧。

"我要的就是这种效果。我想肯定会有对异空间感兴趣的人，本以为是哪位年轻作家的新作，稀里糊涂地就买回家了。但仔细一看，原来是夏目漱石的作品（笑）。"（敦设计师）

"读这部小说的时候，我全然没有感到陈旧落伍，而像是在读一个非常生动有趣的故事。可以说和现代人读一本漫画时的感觉非常相似。我很想表现出这种自己所感受到的时尚感，以及猫所见到的人类世界的愚蠢。总而言之，很想表现出通过猫的眼睛客观看到的人类形象。"（泰子设计师）

父母传给孩子、姐姐留给妹妹，
让这本书像字典一样传承下去

翻开封皮，映入眼帘的是一幅以竹子为主题的日式纹样。用这样的一幅图来引导我们进入小说的世界，将小说第一章所描写的猫从竹栅栏潜进先生家这一场面重叠起来，让人不免为这样绝妙的设计欣喜不已。环衬采用了单面彩晒牛皮纸，为了重现明治的时代感，特意将花纹印在了纸张粗糙的那面上。

"我以旧时点心盒子的式样为参照进行了设计。因为在这里采用了荧光色，稍稍褪色才恰到好处。颜色浓淡不匀以及透过纸的表面能看到背面的文字等效果都是预料之中的。我觉得像这样越来越陈旧的感觉更适合本书。"（泰子设计师）

"我感到了东西文化的重新融合。我认为明治时代就是这样一个文化交融的时代。所以，我想象着将各种元素杂糅到一起，让其互相交叉，并试图将经典与创新的平衡感通过设计表现出来。"（敦设计师）

为了这部书能像字典那样经久耐用，封面选用了白金色塑料皮。拿在手里，那种仿佛合成皮革的温润触感，以及具有弹性，可以随意弯曲的感觉会让人很舒服。像哥哥姐姐将自己穿过的心爱衣服送给弟弟妹妹那样，希望这本书也能随着时间的推移，让人越来越喜爱。这本书不仅具有崭新的理念，还暗暗地蕴含着两位设计师的心愿。

CASE. 12
Blood Tube Inc.

143

原条令子

希望将这部书永远放在身边，
成为珍爱一生的宝物

以〇和☆为主要图案的设计，
令人想起占星术。
一部洋溢着西洋文化，
流传至今的明治巨著。

原条令子
Harajyo Reiko

美术编辑、书籍设计师。设计过《Gem Collection》（长崎出版社）等为数众多、充满魅力的图书。任杂志《iA interior / ARCHITECTURE》（X-Knowledge 出版）的美术指导。原条令子设计室负责人。

装订：上岛真一（美篶堂）

本书的设计规格

书套：ホレストカラー（由林中路文具社生产的一种印刷用纸），白色，A，450kg

封面：NO.177アサヒ・ソワイエ（红色）/ NO.176 アサヒ・ソワイエ（绿色）

环衬：STカバー（由日清纺生产的一种特殊印刷用纸），白色，32开，Y目，115 kg

扉页：STカバー（由日清纺生产的一种特殊印刷用纸），白色，32开，Y目，115 kg

正文用纸：オペラクリームバルキー（由日本制纸株式会社生产的一种奶油色嵩高纸）

堵头布：伊藤信男商店 No.144（红色）/No.177（黑色）

书签带：伊藤信男商店 No.44（红色）/No.46（黑色）

书套以独具特色的金白相间为基调，为了与封皮相配，书名采用了红色和青色。将书放入书套的时候，为了露出颇具匠心的书脊，特意将书套的书脊一侧进行了挖空处理。

扉页借用了缩小版的书套设计。

为了给人以系列丛书的印象，封面设计了两种不同的颜色。闪闪发光的现代风格的布面，配上亚光的镶嵌金箔和压花图案，给人以豪华之感。

环衬使用具有英国木炭纸风格的，带有花纹的"STカバー"，让人感受到了欧洲风情。

CASE.13
原条令子

为了能使书完全打开，采用了活腔背。

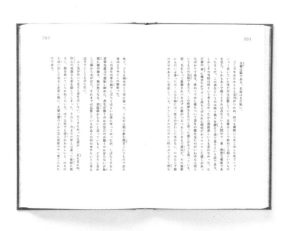

正文用纸使用无染色无漂白的オペラクリームバルキー，正文文
字印刷成深茶色。字体选用岩田中明朝旧字体。页码为了让人产
生怀古之情，特意设计为大号字体，并安排在了每页的上部。

【 书 籍 设 计 的 细 节 】

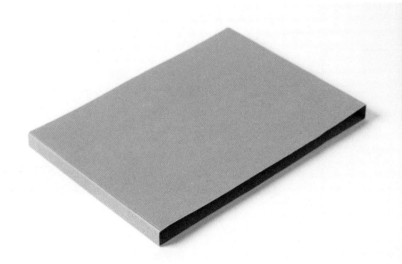

参考用的书套样本。该书套书脊部分被挖空，不仅造价便宜，还能看到书
脊。在有限的预算之内，为了得到最佳效果，采用了这个方案。

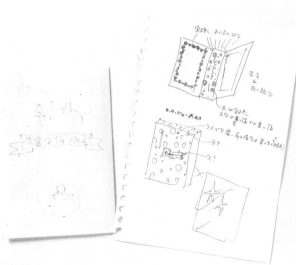

构思阶段画出的草图。考虑到要与封面的颜色相匹配，打算贴上金银箔。

CASE.13

原 条 令 子

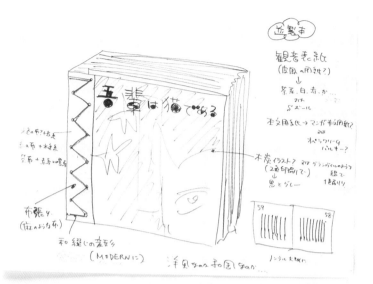

封面的另外一幅设计草图。"用炭笔画出放大、抽象的猫脸，采用正方形的日式装订，觉得怎么样？"很多地方还保留有她丈夫随意写上的一些意见。

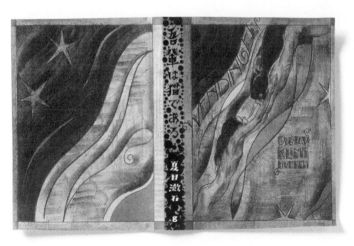

封面的另一种设计方案。原条令子女士对于猫在水缸里淹死的结局印象深刻，于是想到了水面的波纹——用水纹图形设计而成的封面。

【设计灵感】

什么样的书籍设计才配得上能够
跨越时代、受人青睐的名著呢？

"说实在的，开始时我考虑的是正方形的版型，采用日式装订。在封面上用炭笔画出抽象的猫脸，书名也用手写体。可是，如果这么设计的话，这本书就太另类了。虽然从装帧上来说会让人感到很有意思，但是时间一长就会被人误以为是过时的出版物。我希望读者不是读完就完了，而是读过之后，还一直想将其存放在书架上，珍惜这本书。于是，在过了一段时间之后，我舍弃了上述想法，重新思考，提出了现在这个方案。"

在设计杂志或图书封面的时候，原条令子设计师总会有意识地想到在书店里，顾客看到这本书时的反应。这次也是如此。为了给人以系列丛书的印象，她提出了同时发行红色和蓝色两种封面的设计方案。

"希望读者在不经意间看到这本书时，眼前为之一亮：哎，这是本什么书呀。让顾客产

在文学上，这是一部谁都要读的经典小说。

正因如此，我希望它能成为一本永远留在身边，有着特别意义的书。

——原条令子

生这种好奇心是非常重要的。为了让顾客能不假思索地拿起本书，怎样的设计才好呢？我在设计的时候，总会考虑这些问题。我认为如何吸引顾客，让顾客打开书看看，是书籍设计应起的重要作用之一。"

在具体设计上，设计师的着眼点有两个：

其一，《我是猫》是一部老幼皆知的日本经典文学，是夏目漱石从英国留学归国后不久完成的作品。小说中的主人公猫是在水缸中淹死的，从这个最后的场面让人联想到溺水时会"冒泡"，设计师以此为主题制作了充满欧洲风情的、贴布封面的精装书。其二，采用现代布料制成了封面，金箔压花和素压花压出的古典图形在配上颜色后可根据角度的不同发生变化。这些元素与这部历经百年，却仍受到读者青睐的名作相辅相成，一部既有厚重感又有亲近感的书籍呈现在我们的面前了。

既凸显效果又节约成本的书套

在这次书籍设计中，最让原条令子设计师头疼的就是书套的设计。

"传统的书套设计只考虑文字的排列就可以了，但这种设计太多了，为了让本书更加引人注目，我要怎样设计才能更具效果呢？"

经过深思熟虑，原条令子设计师决定用〇表示冒出的水泡，用☆象征梦想的世界，将这两种图形进行组合，使书套和书本身结合起来，起到了相得益彰的视觉效果。书套没有书脊，采用这种结构虽说是为了节省成本，但却也可以露出图书本身的漂亮书脊，这种互补有无的效果真是一举两得。

另外还要特别提一下的就是正文的文字颜色。正文的文字不是黑色，而被印成了深茶色，这其中也凝聚了原条令子女士的匠心。

"我个人认为正文的文字即使有些颜色也不会影响阅读，而且平时看到的都是黑色文字，会让人觉得缺乏趣味。在我们身边，能看到正文文字使用其他颜色的书少之又少，因此，我想把这本书设计成像宝物一样，让拥有它的人具有特别的感觉。我希望得到这本书的人会将它传给下一代，如果真能这样的话，我就太高兴了。"

CASE.13
原 条 令 子

樱井浩

CASE.14 刊登日期：2008.05

（⑥Design）

猫眼看世界，日常生活录

飘荡着昭和时代气息的
寻常百姓的狭小后院。
仿佛一幅幅剧照，
带你走进一只猫的日常生活。

樱井浩
Sakurai Hiroshi

书籍设计师、艺术指导。设计作品有《翻车事故——从希望变为绝望的瞬间》、《大奥》、《梦想——成功人士告诉我们的致富之魂》等。不仅书籍设计作品很多，还为富士电视台的系列海报和广告灯做过设计。现在是⑥Design负责人。

装订：上岛真一（美篶堂）

本书的设计规格

护封：无

封面：OKトリニティ（由王子制纸生产的铜版纸），32开，Y目，110kg

环衬：キャピタルラップ（由日本制纸生产的一种漂白牛皮纸），100g/㎡

扉页：ハーフェア（由王子制纸生产的一种质地松软的印刷用纸），32开，Y目，90kg

正文用纸：OK嵩姫（由王子制纸生产的一种高级轻涂纸），32开，69kg

堵头布：伊藤信男商店货单 No.82（白色）

书签带：伊藤信男商店货单 No.26（白色）

封底和封面都采用了西宫大策摄影师拍摄的照片。照片中没有猫，但通过猫经常出没的地方或猫的视线所及之处，却可以让人感受到猫的存在，这种表现方式真是令人佩服。

文字采用亚光印刷抑制了光泽度，与光泽加工的照片形成鲜明对比，从而使不同的质感显得更加突出。

和书名颜色相配的黄色书口。"我想这本书最好不要让人感觉到文豪气。"

CASE. 14

櫻 井 浩

扉页上使用了印有夏目漱石肖像的旧千元纸币，肖像被装饰为猫的样子。看起来仿佛是有人错将1000日元夹到书里了，这种表现方式真可谓别具一格。

正文用纸有意强调了与黄色书口的对比度，并选用了强度很白的OK嬉姬纸。字体使用ZEN旧明朝体。页码使用汉字，以此来烘托出明治时代的气氛。

【 书 籍 设 计 的 细 节 】

封面设计方案的变化。"我想将选出的照片全部用上。照片和作为封面的印刷图片给人的印象是不同的,对照片进行修整,有时候会看到意想不到的效果。"

曾经考虑过将千元钞票横着设计为腰封。

请西宫摄影师拍了很多照片。"我选用
照片的标准是不能过度地表现。"

设计方案的变化。封底为千元钞票和硬币的组合图案。"因为不知道夏目漱石的年轻人
也会购买这本书,所以从这种让人发笑的封面开始阅读本书我认为是不错的选择。"

【设计灵感】

加入非主流文化要素，
让"大文豪的文学"变得更平易近人

⑥Design负责人樱井浩设计师不仅设计电视剧海报、广告，还有很多书籍装帧作品。他从小就很喜欢书，因为书中的文字让他感到魅力无穷，而且书籍制作本身也使他兴趣盎然。"最初因为书籍设计等原因而特意购入了作家星新一的书。当时觉得封面上真锅博设计师的画真是太好了。"

樱井设计师在设计这本书时，唯一的目标就是"迄今为止，要做谁都没有做过的设计"。

"我看了在《设计典藏》第一期到第四期中刊登的12位设计师的作品之后，发现还没有设计师使用照片。不仅这次的设计如此，这种文豪类的小说在封面中使用照片的也前所未见吧？"

请谁拍摄呢？为了得到具有情节感的照片，樱井设计师请了他最信任的西宫大策摄

乍一看，会认为这本书很难懂，但试着读，你会觉得仿佛在看一场吉本剧团的新喜剧。因此我想在设计中增加一些搞笑元素。

——樱井浩

影师来做这项工作。"要有昭和的时代感"、"猫来去自由的犄角旮旯"、"虽说是在大城市，但不要表现其漂亮宏伟，而是要展示日常生活中的细小琐事"、"青色的镀锌铁板、破旧的水泥砖墙"等等，樱井设计师要求摄影师的照片要表现出上述的关键点，其他方面摄影师可以自由拍摄。封面设计是在猫眼中所看见的风景上，配上大号字体的书名。这与其说是一本文学小说的书籍设计，不如说更像一部纪录片的字幕演示，让人感到似乎将会发生些什么事情，充满着期待和遐想。

"提到大文豪的文学作品，如果原封不动地拿出来，会让人觉得有些高不可攀。可实际上读了这本书，你会发现这是一本非常有意思，有点像吉本新喜剧一样令人忍俊不禁的书（笑）。读这本书的时候，我感觉似乎在看一场戏剧，因而想到了用这样的封面。"

使用铜版纸，照片的部分进行光泽加工，文字部分使用亚光加工，由于各自的加工工艺不同，所产生的质感也就不同，同时将书口部分涂成了黄色。看起来仿佛是一盒录像带的外壳一般，这种非主流文化的形状设计正是樱井设计师所追求的。

版面设计的不平衡是有意而为的，意在引发读者的"好奇心"

正文文字采用ZEN旧明朝体的宽松排版，具有文学巨著特有的、活版印刷体的柔和风格。为了让读者在阅读过程中能够稍息片刻，章回题目使用了阿拉伯数字，起到了影视作品中剧名定格画面的效果。相对于书顶和书根，左右的余白留得比较窄，这是考虑到下一页的阅读流畅性而特意强调的页面间的横向联动。这也是本书设计的一大特点。

"阅读本书时，虽然开头很轻松，可读到十几页的地方就觉得文字一下子多了起来。为了不让读者就此放弃，我一直在思考如何去做，才能更容易阅读。"

另外，还有一处设计非常引人注目，那就是扉页使用了质地轻软的ハーフェア。"我一直在考虑要在什么地方打破平衡"，扉页设计正如他所说的，千元纸币中夏目漱石的肖像被随便涂画为猫脸，并一脸滑稽地出现在了扉页上。这简直就像在制作书籍的过程中，因为失误而将一张千元纸币夹入书里一般，这种表现方式让读者不觉莞尔一笑。

"虽然一谈到钱，常常会让人感到庸俗，但其给人的冲击力却很强。因为封面会让人觉得这是一本摄影作品集，我想通过这页制造一个'悬念'。打开书时，我们所感受到的纸张触感以及视觉上的不同，这是只有书才能做到的。"

CASE. 14
櫻井浩

buffalo-D

CASE.15 刊登日期：2008.05

感觉像手机的
口袋本

让人联想到小猫的触感，
圆润的边角。
携带方便，阅读随意，
手掌大小的精装书。

buffalo-D

以齐藤幸孝、藤井亮为中心的六位设计师组成的设计事
务所。以"创造新价值"为企业理念，广泛开展时尚品
牌的广告、商品目录、CI 等设计工作。

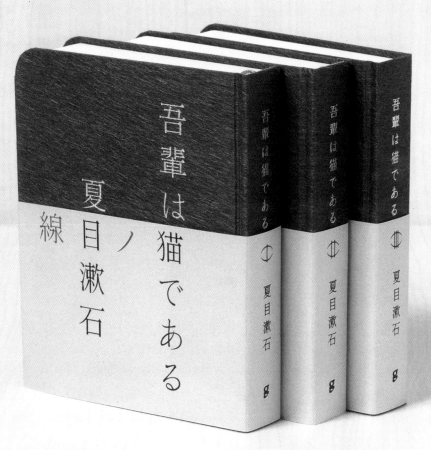

装订：上岛真一（美篶堂）

本书的设计规格

护封：スタードリーム（由竹尾株式会社生产的一种特殊纸），银色，32开，Y目，88kg

封面：テーラー（一种具有自然色调的无纺布特殊纸），黑色，32开，Y目，68.5kg

环衬：同上

扉页：OK高姬（由王子制纸生产的一种高级轻涂纸），32开，Y目，80kg

正文用纸：同上

堵头布：银色

书签带：银色（细）

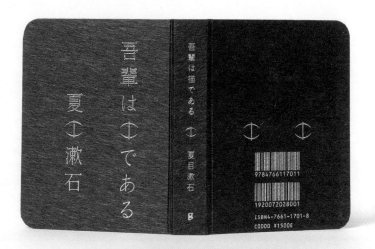

封面选用黑色无纺布，并在上面进行了银色压花加工。用括号和竖线组成一对猫的眼睛，放在书名"猫"和作者名"目"的位置上，使读者顺理成章地将其读作"猫""目"。腰封的文字从右向左横着读就是"猫的目光"。

设计师想把这本书制作成仿佛一只猫坐在那里的样子，因此书角采用了圆角。拿在手里温暖舒服。

为了让书可以尽情打开，采用了活腔背。

CASE.15

buffalo-D

吾輩は猫である

环衬使用了和封面相同的无纺布。在扉页间加上一层夹衬纸，扉页采用了手感细腻的高级白色OK嵩姬纸。

かなと思った竹垣の崩れた穴から、とある邸内にもぐり込んだ。
は不思議なもので、もしこの竹垣が破れていなかったなら、吾輩はつ
いに路傍に餓死したかも知れんのである。一樹の蔭とはよく云ったも
のだ。この垣根の穴は今日に至るまで吾輩が隣家の三毛を訪問する時
の通路になっている。さて邸へは忍び込んだもののこれから先どうし
て善いか分らない。そのうちに日が暮れる。腹は減る。寒さは寒し、雨
が降って来るという始末でもう一刻の猶予が出来ない。仕方がないか
らとにかく明るくて暖かさうな方へ方へとあるいて行く。今から考え
るとその時はすでに家の内に這入っておったのだ。ここで吾輩は彼の
書生以外の人間を再び見るべき機会に遭遇したのである。第一
に逢ったのはおさんである。これは前の書生より一層乱暴な方で吾輩
を見るや否やいきなり頸筋をつかんで表へ抛り出した。いやこれは駄
目だと思ったから眼をねぶって運を天に任せていた。しかしひもじい
のと寒いのにはどうしても我慢が出来ん。吾輩は再びおさんの隙を見
て台所へ這い上った。すると間もなくまた投げ出された。吾輩は投げ
出されては這い上り、這い上っては投げ出され、何でも同じ事を四五
遍繰り返したのを記憶している。その時におさんと云う者はつくづく
いやになった。この間おさんの三馬を盗んでこの返報をしてやってか
ら、やっと胸の痞が下りた。吾輩が最後につまみ出されようとしたと
き、この家の主人が騒々しい何だといいながら出て来た。下女は吾輩
をぶら下げて主人の方へ向けてこの宿なしの小猫がいくら出しても出
しても御台所へ上って来て困りますという。主人は鼻の下の黒い毛を
撚りながら吾輩の顔をしばらく眺めておったが、やがてそんなら内へ
置いてやれといったまま奥へ這入ってしまった。主人はあまり口を聞

正文字体使用了平假名和汉字节奏平衡、字体漂亮的岩田明朝旧M字体。考虑到纸张和黑色字体的对比度越强越容易阅读，因此正文用纸采用了和扉页用纸一样的OK嵩姬纸。

【书籍设计的细节】

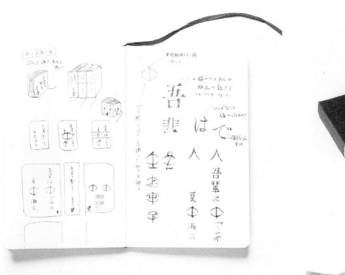

画着各种设计创意图符的笔记本。所有这类的草图都
会作为参考资料保留下来，因此画得细致认真。

封面用纸曾考虑使用粉色珍珠纸或名为"桃肌"的特殊纸。"设计时一定要制作图书的模拟版。
在尝试制作的过程中，对纸张的认识会有所改变，一定要亲手确认纸张的手感或弹性。"

CASE.15

buffalo-D

做假样书，以寻求封面与
腰封宽度的最佳比例。

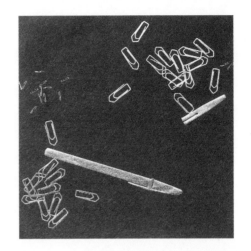

在无纺布上镶嵌加工的样品。试着将银箔镶嵌在了光亮和灰
暗的素材上，以选择效果最好的使用。

字体以旧明朝体为模板进行了设计。为了表现出猫犀利的目光以及猫眼的婀娜多姿，特意
将小圆形作为设计要素，并增加了括号之间的距离等，对每一个细节都进行了调整。

【设 计 灵 感】

反映二十多岁青年人的价值观

希望本书的书籍设计既不会玷污名著的品位，又能迎合现代青年的生活方式。

——buffalo-D

齐藤幸孝和藤井亮两位设计师带领他们的青年设计团队——buffalo-D，从事广告、目录、包装盒、CI等很多领域的设计工作。虽然如此，他们在书籍设计方面的作品却不多，仅有数册而已。在对这本明治时期的名著进行重新装帧的难题面前，两位设计师进行了分工。齐藤幸孝负责封面设计，藤井亮负责正文排版，他们在关键的地方交换意见，保持设计方向的一致性。

"我曾经考虑过几种方案，比如封面设计为一个由蛇腹形串联起来的画面，在翻页的时候，就会变成圆形，仿佛猫背一般。可是，比起表现装帧的有趣之处，如何能更好地向现在不喜欢读书的年轻人介绍这本书，我觉得这是更重要的。"（齐藤）

因此他们决定将这部书的阅读对象定为25岁左右的年轻人，并将着眼点放到了他们的生活方式上。他们发现现在年轻人随身携带的手机、iPod、游戏机等必需品，和以前相比都变得越来越小了，创作灵感油然而生。

　　"人们都说现在二十多岁的年轻人没有读书的时间，但在电车上、大街上，他们只要一有空就会看手机。所以，我要设计一本可以利用这些时间毫无顾忌地阅读且拿着又漂亮的书。我认为现在的年轻人对没有魅力、品质的图书是不会接受的。"

　　设计完成的这本书是一本柔软适中、拿在手里舒服、读起来顺手的小型精装书。配有圆角的书形，无纺布的毛料触感让人感到仿佛在抚摸一只小猫，且简单的设计中透着一份可爱。用括号和横线进行的巧妙组合表现出了猫眼，想必只有和这本书的同时代的设计师们才会如此独具创意吧。

怎样的正文版面适合这部名作？

　　从既不能破坏名著形象，又要方便阅读的角度来说，正文最后的备选字体定为明朝新假名M体、岩田明朝旧体以及Matisse字体，从这三种字体中，又选择了最能体现汉字和假名节奏平衡的岩田明朝旧体。在版面设计上，设计师尽量做到了行间距相隔充分、没有压迫感，让读者能轻松顺畅地读下去。

"在版面设计方面，采用了广告中常用的正文排版方式，这会使阅读更容易。本来考虑要像手机小说那样采用横版的，但又觉得这样做显得有些廉价，还是竖版的文字更易阅读，而且不想因为这一点去玷污这部作品。另外，每一页的文字量变少后，读者翻书的动作就会增多，因此会产生阅读文学名著的成就感。这也是如此设计的目的之一。"（藤井）

　　两位设计师表示，书籍设计和广告设计相比，更需要立体的、全方位的思考能力。这一点虽然比较难，但也非常有趣。"以后如果有机会，一定还要接着做下去。可能不如书籍设计师做得好，但我们会尽最大努力。"两位设计师的话，让我们对他们以后从事更广泛的设计工作充满了期待。

CASE.15
buffalo-D

長友启典
（K2）

CASE.16 刊登日期：2008.10

拥有"伙伴"的快乐

在黑暗中互相依偎，

黑、白两只要好的猫。

两位设计大师联手创作、

亲手绘制的一部书。

长友启典
Nagatomo Keisuke

1939 年生于大阪。桑泽设计研究所毕业后，进入日本设计
中心工作。1969 年和图形设计师黑田征太郎一起创立了 K2
公司。曾在多部小说中作过插画，散文曾被连载。任日本
工学院专门学校平面设计科顾问、东京造型大学客座教授。

装订：上岛真一（美篶堂）

本书的设计规格

护封：わたがみ（日式嵩高纸的一种），雪白色，32开，Y目，110kg

封面：タスファイン120TWMS（由竹尾株式会社生产的TAS系列纸品中的一种），白色

环衬：わたがみ（日式嵩高纸的一种），雪白色，32开，Y目，90kg

扉页：オーロラコート（由日本制纸株式会社生产的具有高光泽度的铜版纸），32开，Y目，73kg

正文用纸：OKソフトクリーム　バニラ（由王子制纸生产的一般纸），32开，Y目，70.5kg

堵头布：伊藤信男商店货单 No.19（黑色）

书签带：伊藤信男商店货单 No.14（蓝色）

在护封设计上，猫的画像和手写书名烘托出了朦胧的气氛。选用既有日式和纸的细腻感又有暖色触感的棉纸。

扉页和封面一样，只有文字的简单设计。

选用的蓝色书签带，看似普通，却很有意境。

书名文字是用设计师常用的软芯铅笔写成的。"字体放大后给人的印象会有所改变，书写的时候一直在注意调整字体的平衡。"

CASE. 16

长友启典

扉页使用了和护封不同的插图。长友设计师所画的黑猫和黑田设计师所画的白猫互相欣赏的样子似乎在向人们述说着两位设计师的关系，令人发笑。

上下左右的余白都非常大，充分利用了版面空间，给人一种透气、舒适的感觉。

【 书 籍 设 计 的 细 节 】

长友设计师和黑田设计师合作绘制的插画原图。黑田设计师照着长友设计师的黑猫，又画了三种类型的猫，不管哪一只，都很有韵味，难分伯仲。

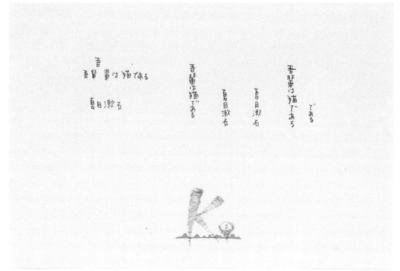

手写书名的变化。"去Costa喝咖啡的时候我还在杯垫的反面试着写写呢，走到哪写到哪，随处做练习。"

CASE. 16

长 友 启 典

护封插图的背景全部涂成了黑色。"如果在黑暗中目不转睛地看下去的话，漆黑就会显出层次，所以我想护封插图应该就是这种感觉吧。"

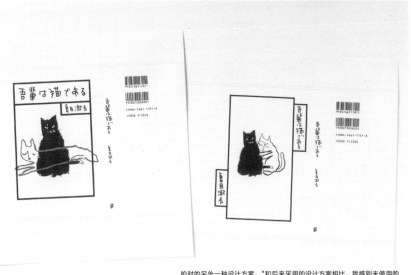

护封的另外一种设计方案。"和后来采用的设计方案相比，我感到未使用的方案有些设计过度了。"

179　　　　　　　　　　　　　　　　　【设 计 灵 感】

好的设计并不张扬。

仿佛江户前寿司一般，

在不为人知的地方显露技巧。

——长友启典

配合默契的魅力，"添几笔"的妙招

身为美术编辑的长友启典先生和插画家黑田征太郎先生，一起成立K2设计事务所已经40年了。现在这两位设计师在他们各自的领域都是被称为大师级的人物，但据说他们联手进行设计的机会却少之又少。

因此他们把这次设计作为"两人一起做事的好机会"，决定将"合作"概念融入书籍设计中。长友设计师画了一只黑色的猫，黑田设计师又在上面用蜡笔画了另一只猫，仅此而已，两位设计师实现了他们奢望的合作。

"事先我们并没有商量，我只是将我画好的猫给他，让他在旁边再画上几只。结果他画了三种形态各异的猫，而且画得都很有趣。我原来打算画一只三色猫，但没画好，失败了，没办法只得将其涂成了黑色（笑）。背景之所以也设计为黑色，是因为我想象这只猫是在黑暗中的。因为当时没有像现在这样的照明，在昏暗的房间中这只猫每天都在碎碎念吧。"

在这本书中想到用插图，主要是因为采用了手写的书名，而这也是设计上的关键点。书名是用2B～3B这种笔芯偏软的铅笔写出来的，字间距等几乎没有进行调整，只是将其原封不动地放大之后就使用了。

"如果面面俱到的话，那就没完没了了。我很在意平假名和汉字的平衡，书写的时候我会进行调整，但是在版面设计上我没有改变比例和位置。我觉得设计如果过于张扬就不好了。饭菜也是这样吧？如果手头上有既新鲜又美味的食材，用快刀切得漂漂亮亮地摆出来是最好的。如果再加点这个，添点那个的话，这道菜就会渐渐地变得越来越不成样子了。我觉得设计也是如此。"

珍惜从教科书中获得不到的读单行本的乐趣

长友设计师只要一有时间就会逛书店，也会经常看着封面买书。长友设计师笑着说："通常，很多书读到一半儿就束之高阁了。即使没有读，望着那些书的封面，也似乎感觉已经知道书中的内容了，有些不可思议吧（笑）。"

在这次的书籍设计中，长友设计师对夏目漱石的性格进行了充分的想象，他竟然考虑到了下面的情况。

"我想象着夏目漱石似乎是对排版和字体、装帧等设计都很讲究的一个人，实际上他很想自己从头到尾设计一下。而且还想象着他自己也实际做过几本书的书籍设计，也许他还不愿意从自己的艺术创作收入中拿出金钱让别人去做自己喜爱的设计工作呢。我不断地从想象中汲取作者的想法来进行这次的书籍设计。"

长友设计师说很多人恐怕第一次见到夏目漱石的小说都是在语文课本上吧，希望这些人能将完整的单行本读一读。

"单行本都是经过书籍设计师深思熟虑之后从字体到装帧，费心费力才制作出来的，和在教科书中读文字相比，肯定要有趣得多。同样一本小说，为什么读起来的感觉竟然如此不同？让读者有这样的想法，体会到'书的乐趣'，这正是我们这些设计师的工作。"

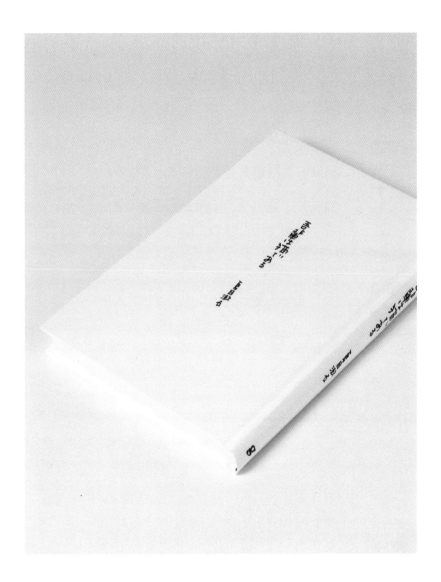

Craft Ebbing 商会

CASE.17 刊登日期：2008.10

封藏在纸中的
另一个故事

从纸里浮现出来的浓淡不一、
散落各处的铅字。
给历经六十年、已经褪色的书，
重新注入了生命的气息。

Craft Ebbing 商会

吉田浩美、吉田笃弘二人组合，他们设定自己为经营虚
拟商品的店铺"Craft Ebbing 商会"的第三代店主，以作
家和设计师的身份大展才华。他们著书很多，如《云·收
藏家》、《实际上我是这么回事儿》、《没有的东西，我们
也有》等(筑摩书房出版)。他们在装订设计方面颇有造诣，
2001 年曾获得讲谈社出版文化奖·书籍设计奖。

吾輩は猫である　夏目漱石

装订：上岛真一（美篶堂）

本书的设计规格

护封：订制纸

封面：グムンドナチュラル（由竹尾株式会社发售的具有独特自然感的特殊纸），32开，Y目，80kg

环衬：スーパーコントラスト（由特种东海制纸生产的特殊纸，分为深黑色和纯白色两种），深黑色，32开，Y目，100kg

扉页：订制纸

正文用纸：订制纸

堵头布：アサヒクロース株式会社提供 A5

书签带：アサヒクロース株式会社提供 A25

书的大小比文库本（日本的一种便于携带，以普及为目的的小开本）略大一些，为
103mm×150mm。"我在英国见到过这种尺寸的硬皮书，觉得很不错。"

护封使用了特别为此书订制的特制纸，
书名采用亚光黑箔模压而成的字体。

CASE. 17

Craft Ebbing 商会

辈吾

为了让"猫"字正好落在书脊的位置上,封面和封底各设计了三个字。"我想当初出版的时候作家一定是想把书名定为'猫'吧,因为这本小说从头至尾都是从猫的视角来写的。"

扉页采用了掺入旧版书纸张的特制纸,文字使用活版印刷。试图表现出胶版印刷所没有的张力和朴素温和的质感。

环衬出乎意料地采用了深黑色。给人一种庄严肃穆的整体印象。

在文字上重叠印刷文字的内页。没想到正文字体仍清晰可见,看起来并没有影响阅读效果。

【书籍设计的细节】

这是在特种纸株式会社的合作下，为本次书籍设计制作的特制纸。
若隐若现的旧式字体以及大号字体的假名注音都表现出了其特有的时代感。

在特制纸中融入了在昭和十四年发行的《我是猫》一书的纸片。

CASE. 17

Craft Ebbing 商会

设计"猫"的字体所使用的字典。"这本字典中有着各种各样的字体，即使随便翻翻，也很有意思。因为没有找到中意的字体，使用其中的偏旁部首，经过调整，合成了'猫'字。"

交稿的时候总是提交誊清的原稿。"必须提交电子版的时候，我会将设计好的原稿打印出来，然后再将打印好的原稿进行扫描。做不做这件事，还是会有细微差别的。"

189　　　　　　　　　　　　　　　【 设 计 灵 感 】

不是对作品越投入，就越能做好书籍设计。和作者保持适当的距离感也很重要。

——Craft Ebbing商会

夫妇二人看到同一件事物，都会毫无保留地和对方讲述自己的所见所感

"书籍设计基本上都是作者指名和全权委托的工作。"Craft Ebbing商会的吉田笃弘和吉田浩美夫妇这样说道。在工作上夫妻二人总是一起做，迄今为止，其中一方不参与对方工作的情况从没出现过。

"我们会在工作开始时进行分工。我们称之为'监工和雇员'体制。成为雇员的一方要听从监工的指挥，按照吩咐去做。这样做效率很高。谁当监工，我俩石头剪刀布来定（笑）。话虽这么说，但每次都会根据书的内容自然而然地定下分工。这真是有些不可思议。"（浩美）

"平时生活中，看到周围各种各样的东西，我们都会对其评头论足，发表意见。这样，意见在两人的头脑里沉淀下来，会成为共有之物，使沟通也变得更加顺畅了。"（笃弘）

CASE. 17
Craft Ebbing 商会

两位设计师将这本书的书籍设计理念定为"故事的再生"。作为小说家，笃弘设计师也很活跃，正是他萌发了这个创意。

"有些书因为销路不好而被处理，因为某种原因，这些书从来没有被人读过就被碾成了废纸。我想如果能将这些幻灭之书的碎片掺入纸张中，再次为其注入生命的气息会怎样呢？平时很少有机会这么做，这次借机尝试了一下。"

将60年前的纸本封入其中的书中之书

这一设计创意得到了特种纸株式会社的帮助。他们请这家公司将昭和十四年由岩波文库出版的《我是猫》的正文内页用手撕成一条一条的，然后将这些碎纸条混入原浆，再用这些原浆制成纸。历经多年，已经泛黄的纸张和铅字的墨迹混合到一起真是相当绝妙。看着这些世界上独一无二的纸，两位设计师不约而同地赞叹道："太好了！无论从外观上，还是触感上，好得都超出了我们的想象。"他们的感激之情溢于言表。

"开始的时候，我们曾考虑过使用初版书做这种纸，但是将那么贵重的书籍撕碎做成纸张不免有些浪费，于是我们改变了想法。我想这本岩波文库出版的《我是猫》恐怕是流通最广的版本了，

这个版本继承了初版书的精髓，所以这本书作为素材是再合适不过的。"（笃弘）

"这么做不仅可以让人们再次认识到纸张的质感，还会让人感到它的温暖，更加钟爱此书。"（浩美）

为了能够彰显纸张的魅力，设计反而做得非常简洁。参考汉字的构成字典，浩美设计师将零散的偏旁部首组合起来设计了一个"猫"字，并以此为要点，书名的其他文字原封不动地使用了岩波文库精兴社的活版印刷字体。将设计原稿打印出来，以誊清原稿的方式交稿，这也是两位设计师一直坚持的做法。

"偶尔也会有印厂向我们指出，文字没有在版面中心会不会有问题，我们告诉他们没关系，就按设计的进行印刷就行（笑）。我们认为如果太规整的话，就不会吸引人。希望能永远珍视照相排版时代养成的紧张感，不断设计出具有人情味、有意思的作品。"

るあで

CASE.18　刊登日期：2008.10

松荫浩之

向日本最早的
朋克小说致敬

变成公猫的裸体女性，
鲜明简洁的英国国旗。
献给明治时代文豪的，
现代美术家的敬意。

松荫浩之
Matsukage Hiroyuki

1965 年生于福冈。毕业于大阪艺术大学摄影系。当代艺术家。1990 年作为世界最年轻的艺术组合"Complesso Plastico"，参加了在威尼斯的双年展。之后，他又在国内外举办个人展览。在摄影、表演、平面设计、空间设计、写作等方面广泛开展工作。因为艺术团体"昭和四十年会"以及和宇治野宗辉共同创办的摇滚团体"GORGEROUS"的演出活动而闻名遐迩。

194

装订：上岛真一（美篇堂）

本书的设计规格

护封：アラベール（由竹尾株式会社生产的具有细腻质感和柔软触感的非涂料纸），白色

封面：ロンニック（用于记事本封面的一种合成皮革），AE光泽400

环衬：NTラッシャ（一种名为罗纱纸的图画纸），红梅色，32开，Y目，100kg

扉页：ルミナカラー（由王子制纸生产的一种具有光泽的铜版纸），向日葵黄色，德国开本尺寸，T目，135kg

正文用纸：クリームキンマリ（由北越纪州制纸株式会社生产的非涂料书籍内文用纸）

堵头布：伊藤信男商店货单 No.84（黄色）

书签带：伊藤信男商店货单 No.53（黄色）

松荫设计师用新拍摄的"猫女"照片配上英国国旗作为护封设计,这样的设计非常容易被人接受。看上去很有英国"性手枪"乐队的朋克风。

封面封底采用苔绿色合成皮革,金箔压花加工。"用微微泛红的金色,表现出具有亚洲情调的廉价感。"

环衬使用了设计师在野外调查时用数码相机单手拍摄的照片。"我觉得照片中的猫和《我是猫》中的主人公太像了。"

CASE. 18

松荫浩之

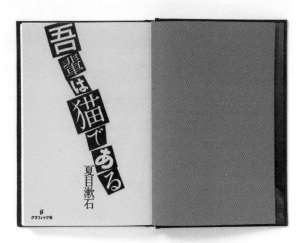

扉页上的文字好像是从报纸上剪下来的，让人联想到某些过去的事件。仿佛猫爪挠出的痕迹也可圈可点。

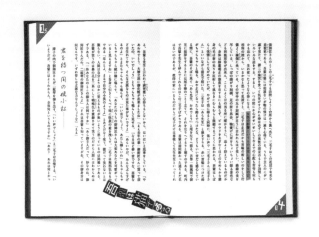

汉字注音以及在书角页页码上的三角形页码都带有颜色，强化的三角折页印记，在黑色文字中显得非常醒目。

【书籍设计的细节】

用于护封设计所拍摄的其他照片。该照片参考了小说主人公所爱慕的雌猫"三毛子"的形象。

使用"猫女"照片的设计方案，除了被采用的方案，还有过一种
方案。但设计师觉得不太合适，于是以此为基础进行了改进。

在专门出售舞台化妆用品商店里买到的胡
须，选择了和钞票上印刷的夏目漱石的形
象比较相近的胡须。

CASE. 18

松荫浩之

护封最终方案确定之前的设计。"黄色和粉色，看起来似乎有些太张扬了。"

曾经考虑过在封面上使用我在散步时拍摄的这些猫的照片。"因为拍得太好了，就不想用这些照片做设计了。"

【设计灵感】

给夏目漱石的作品做书籍设计，在某种意义上就像是在制作一本教育用书。如果没有紧迫的责任感是不行的。

——松荫浩之

将夏目漱石和"我"合为一体的"猫女"，令人目不转睛！

"我曾经想过，不管何时，一定要设计一本夏目漱石的书，即使是文库本也行。"说这话的是以摄影、设计、表演为中心广泛开展艺术活动而备受关注的松荫浩之先生。

"在文明开化时期，吉田松荫为了改变日本社会的基础而现身说法，和他一样，夏目漱石也是一位国民导师。我很喜欢《哥儿》这本书，总要把它放在身边，从学生时代起，这本书就一直给予了我创作的勇气。为了表示对夏目漱石的尊敬，我希望能用自己的工作报答这位作家。怀着这份感情，我真是苦思冥想了一番。"

松荫浩之先生说着向我们展示了他的护封设计。没想到护封上竟然是一幅女性的肖像照片。照片上的裸体女性带着一副胡须，头发左右两边各盘起一个圆圆的发髻，好像要变成一副公猫的样子。在仿佛绷带一般的半透明白色书腰上，是用不同字体组成的书名。再往里面是粉色的英国国旗，让人误以为是朋克摇滚CD的封套。这样的设计只有松荫浩之先生才能做到，真是充满新意，令人惊讶。

"夏目漱石是日本最早的具有反叛精神的作家，如果他没有去英国留学，也就不会有大文豪夏目漱石。我首先决定设计上不依赖印刷技术。在设计中我想一定要利用自己和其他设计师的不同之处，也就是要发挥出自己的强项，将摄影和设计合二为一。我考虑了几种方案，这个带着漱石胡须的'猫女'最符合我的设计风格了。在这个设计方案中，最重要的部分就是模仿猫耳朵的发型和胡须，因此为了突出这个特点，其他的衣服装饰全都不要了。"

打破常规，自由表现，一如既往地追求新的境界

对于这本书的设计，松荫浩之先生将读者群设定为年轻女性。

"猫女照片的模特是美术大学的学生，今年18岁。拍摄之前我要求她事先读一下《我是猫》，但是这位大学生却读不下去。据她说读到一半就受不了了。因为《哥儿》的旧假名使用方法费解难懂，也从语文教科书中被砍掉了，对此我感到非常遗憾，但也无可奈何。正是因为现实如此，为了让年轻人能够重新品味这部经典著作，我想在某

种程度上打破常规去设计反而会更好。"

正如松荫浩之设计师所说，他将小说开头的下一句"名字吗……还没有"作为广告语设计在了书腰上，这看上去仿佛是另外一个书名。同时，彩色的汉字注音、将页码设计成彩色的三角折印、将环衬设计为合页版，并在上面印上气魄十足的野猫特写照片等，这些大胆创意，在极大限度地保持了整体性设计的同时，全部用在了该书的书籍设计之中。

"因为我很少做书籍设计，所以我在设计上没有定式，很想做一些内行人不会做的事情。说得好听点儿，就是我总希望'挑战自我'。因此我会挑战新的领域，这样做，总会让我在工作中感到心潮澎湃，兴奋不已。"

CASE.19 刊登日期：2009.06

佐佐木晓

猫带领我们观赏文豪，
且与画家的才艺进行比赛

带领读者走进故事世界的
是一只装扮为落语家的猫。
明治时期的文豪和幕府末期的浮世绘画家，
两位大师之间超越时代，
梦幻般的才艺比赛。

佐佐木晓
Sasaki Akira

1971 年出生。曾经在 Cozfish 公司工作，现为自由设计师。
在从事设计工作的同时，参与了 HEADS 在国内外与音
乐、艺术相关的艺术家的派遣工作，以及出版等企划运营。
同时兼任该事务所的广告设计师。演唱歌曲《人生多变》，
将设计作为一种终身学习的项目。偶尔写作。

204

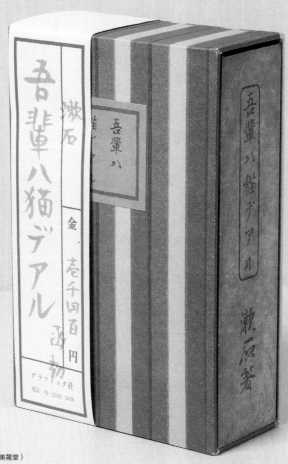

装订：上岛真一（美篶堂）

本书的设计规格

书套：新局纸（日本传统纸张中的"越前局纸"的一种），白色，32开，Y目，80kg，芯材厚度 2mm

题笺（贴在书套上的）：N新鸟子纸，白色，32开，Y目，70kg

护封：无

封面：新局纸，白色，32开，Y目，150kg

腰封：高级纸，白色，32开，T目，70kg

环衬：クリームイースター（由日本制纸生产的一种乳白色高级纸），104.7kg

扉页：N新鸟子纸（日本传统纸张中的高级和纸），白色，32开，Y目，70kg

正文用纸：OPL No.2（由王子制纸生产的一种正文用纸），32开，Y目，59.5kg

堵头布：无

书签带：无

佐佐木设计师说："过去放在结实的书套里的书，会让人有一种奢华感。"
素材也选用了与当时感觉相近的材料——和纸"新鸟子纸"。

自创的题笔活字。"其实本想不仅书
名用自创的活字，整本书都用当时的
方法去自创活字，但是做不到。"还
是选用了电脑上的字体。

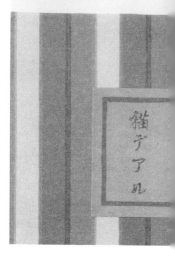

配有歌川国芳的浮世绘的扉页。翻开封面，仿佛落语演员登上舞台，正在讲
述猫的故事一般，引人发笑。

感到"夏目漱石"这几个字棱角分明
的意境，与其配合，书脊选用了干净
利落的直角书脊。

CASE. 19

佐 佐 木 晓

封面采用折边设计。环衬采用以麦穗为主题的纹样。"小说中有猫喝醉啤酒的情节,因此使用了麦穗画面。因为不能剧透,只能悄悄地呈现。"

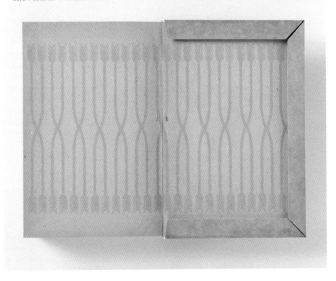

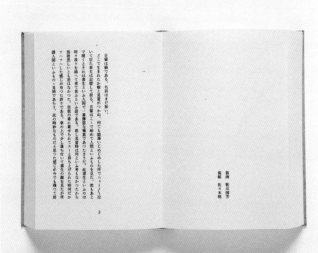

"我斗胆将自己的名字和歌川国芳并列起来。喜欢猫的国芳如果和漱石生活在同一个时代的话,一定会希望给这部小说画插图的。我想我应该让他实现这个梦想(我是不是有些爱管闲事)……"

【 书 籍 设 计 的 细 节 】

佐佐木设计师自己买来的活字。"猫"="猪"+"苗"、"漱"="濑"+"歇"、"斐"="斐"+"草",用这些字的偏旁部首进行组合做成了新的字。

购买活字的时候,找不到想要的文字的字体,于是就找偏旁或部首相同的文字进行组合。这些都是当时的需求单。

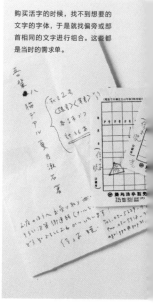

活字印章的印字样品。为了不断改变加压的力度,进行了多次试验,才找到了平衡。"没想到还挺难的。"

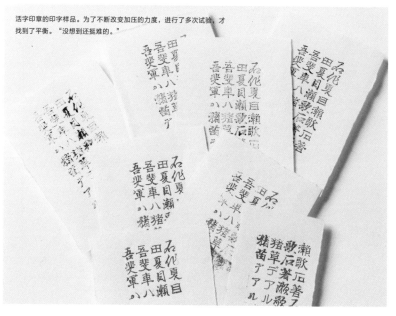

CASE. 19

佐佐木晓

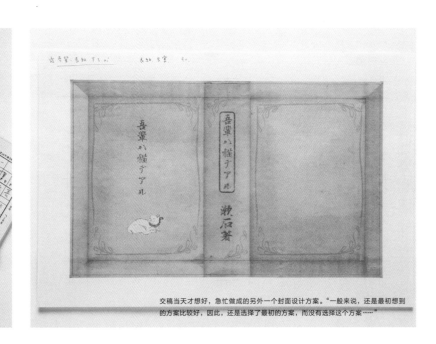

交稿当天才想好，急忙做成的另外一个封面设计方案。"一般来说，还是最初想到的方案比较好，因此，还是选择了最初的方案，而没有选择这个方案……"

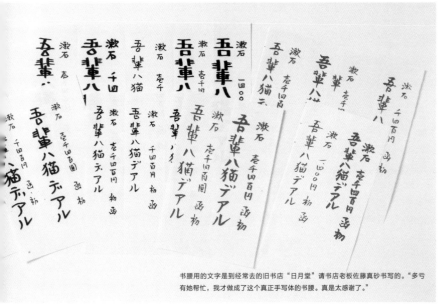

书腰用的文字是到经常去的旧书店"日月堂"请书店老板佐藤真砂书写的。"多亏有她帮忙，我才做成了这个真正手写体的书腰。真是太感谢了。"

【设计灵感】

我希望忘掉现今时代所刻意追求的精细度、完成度。

——佐佐木晓

我向往以作品本身的力量为根基的"属于自己的书籍设计"

"我在构思这本小说的书籍设计时，首先想到的就是画家歌川国芳的画作。"佐佐木晓设计师说道。提到歌川国芳，他不仅是江户时代末期的浮世绘画家，而且还以爱猫而著称。他留下很多幅将猫拟人化的漫画作品。这次佐佐木晓设计师在扉页设计中所使用的浮世绘就是其中的一幅。翻开封面，映入眼帘的是一只盘腿而坐，正在说着日本单口相声的落语家装扮的猫，简直就像"我"从作品中跳出来在介绍这个故事似的。

"我认为这本小说有些地方很像落语（日本的单口相声），对于我的这种理解，不知漱石会不会感到高兴。另外，在设计中我想如果漱石先生自己来装帧这部书的话，他会怎么做，会如何处理呢？"无论是《心》，还是《玻璃门之中》，作者自己装帧自己的书或许会更好，不管什么方面都能表现出精彩之处。到了100年后的今天，虽然采用所谓的改变文脉以及违例技巧都已可能，但是在这次书籍设计中，我想尝试一下以作品本身的基础力量为根本的装帧方式。这样做的话，还是要沿着作者自己装帧的方向来进行设计吧。"

没有在封面使用浮世绘，是为了反映出漱石那种喜欢西洋风格的趣致。最后，设计师使用了铅活字印字，将其重新分解、组合，做成了书名用字，封面采用折边装订，巧妙地让人感受到了"明治之风"。将这本书整整齐齐地放入书匣，再套上手写的书腰，简直就像刚从旧书店的书架上取下来的一样，充满真实感。

"过去的书有书匣的比较多。我觉得其优点是在朴实中体现出来的奢华感。就像我们原本具有的脊梁和姿势，只有做到彬彬有礼时才能表现出心灵之美。我本着体验明治时代的精神和价值观的想法，想象着该时期的书籍装帧风格，对本书进行了设计。"

追慕时代情怀，制作朴素作品

佐佐木设计师一心扑在工作上，力求尽善尽美，不停地进行着各种尝试。但这位设计师却说"我并不太追求完成度高的作品"，此语真是令人感到意外。在这句话的背后，凝聚着佐佐木设计师对书的无限热爱之情。

"我不太关心视觉上的完成度。现代所追求的精致和完成度渐渐离人们的切身需要越来越远了。战前图书由于流通和营业的制约，不像现在这样苛刻，因此这些书的外观更加朴素。制作的时候既没有约束也不会精打细算，可以说是随心所欲。这次我也想忘掉现代的这些束缚，自得其乐地进行一番设计。"

　　书匣采用了与夏目漱石爱用之物触感相近的纸张（新鸟子纸）、正文用纸选用普通的王子印刷用纸。佐佐木设计师在创作时，不只是在脑中构思，而是积极地去动手制作，没有丝毫做作，简洁明快。为了弥补百年的时光，佐佐木设计师怀着对作者的思念，仿效先人设计了这本书。夏目漱石一定会在某个地方，眯着眼睛，悄悄地注视着吧。

CASE. 19

佐 佐 木 晓

吾輩ハ猫デアル

213

collect.apply
design company

逸品的风采

没有书名的书脊，

没有画也没有文字的设计。

不仅漂亮，还散发着不可思议的魅力，

这就是书。

collect.apply design company

位于京都的一家设计公司。公司的詹姆斯·吉普森和哈
尔·尤德尔两位设计师都有着二十多年的行业经验，不
仅设计范围广泛，而且还积极地把设计思想应用于其他
各个项目中。http://collectapply.jp/

夏目漱石
吾輩は猫である

装订：上岛真一（美篶堂）

烫印：cosmotech有限会社

本书的设计规格

护封：N新鸟子纸，白色，32开，Y目，110kg

封面：ダイニック，DNA细布（由达妮克制纸生产的一种布纹纸），118kg，灰色

环衬：里纸（具有纸质柔韧自然、纸感古朴柔和特点的和纸），黑色，32开，Y目，70kg

夹衬：ミニッツGA（由日清纺生产的带有细微菱形浮雕图案的特殊纸），乳白色，32开，Y目，100kg

扉页：OKいしかりN（由王子制纸生产的一般印刷用纸），B判，T目，60kg

正文用纸：同上

书签带：革丝带

堵头布：上/伊藤信男商店货单 No.84，中/伊藤信男商店货单 No.86，下/伊藤信男商店货单 No.85

三本书的护封上各自用透明箔设计了文字"吾"、"猫"、"る"。
"如果用黑色箔的话，不仅色差太大，而且也会过于直接。"

"白色书"的中间，书签带在有意无意间增添了色彩效果。

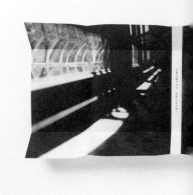

护封用纸采用和纸"新鸟子纸"。因为面与里的
触感不同，在其平滑的背面印上了以猫的视线为
出发点看到的生活空间的照片。

CASE. 20

collect.apply design company

在布制封面上压出一幅猫的图画。这幅画和护封上的画不是同一幅，可爱的设计令人心平气和。

环衬使用了令人联想到猫的颜色以及具有质感的和纸"里纸"。反复推敲纸张和书签带的配合效果，才最终决定下来。

本文的排版采用了略小的岩田明朝旧字体，字号为8.5pt，不仅保留了活字印刷的样子，还赋予了现代印象。页码选用旧罗马字体（Caslon字体）。

【书籍设计的细节】

封面上的猫是詹姆斯父亲所画的一笔画。"最初父亲画这幅画的时候，
我就觉得很不错。当时就想以后有机会一定要在创作中用到它。"

参考了这些书，把书脊
设计为直板直角，采用
了活腔背。"直板直角
书脊更具现代感，护封
的印刷也会显得漂亮精
致。"

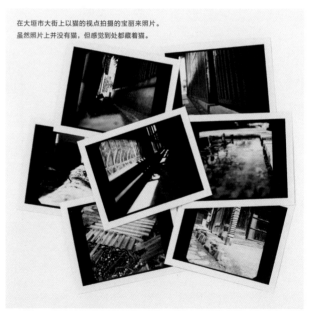

在大垣市大街上以猫的视点拍摄的宝丽来照片。
虽然照片上并没有猫，但感觉到处都藏着猫。

模拟护封排版的设计所做的样本。

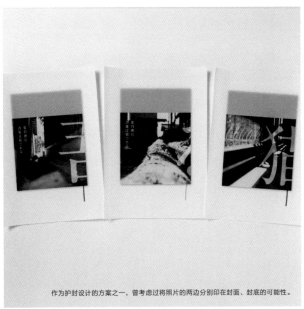

作为护封设计的方案之一，曾考虑过将照片的两边分别印在封面、封底的可能性。

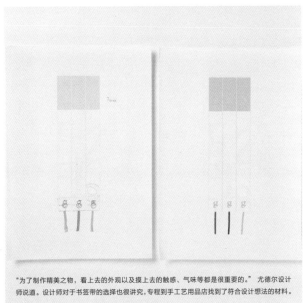

"为了制作精美之物，看上去的外观以及摸上去的触感、气味等都是很重要的。" 尤德尔设计师说道。设计师对于书签带的选择也很讲究，专程到手工艺用品店找到了符合设计想法的材料。

【设 计 灵 感】

一件物品只有拿在手里，才会具有存在感

　　哈尔·尤德尔设计师从自己的祖国——英国来到京都开展设计工作。和同为英国伦敦出身的工作搭档詹姆斯·吉普森一起创办了collect.apply设计公司，从事以CD封套等产品为中心的各种设计工作。

　　哈尔·尤德尔设计师非常喜欢书，他说："每年夏天我都要去逛一逛在下贺茂举办的旧书市。"他虽然在英文书的书籍设计方面有着丰富的经验，但挑战日语小说的书籍设计还是第一次。因此，哈尔设计师和曾经在其公司实习、就读于绿树成阴的京都造形艺术大学的三名学生——杰西卡、森定希、汤川亮子进行了合作，大家互换意见，共同完成了本书的设计制作。

　　"我读的是英文翻译版，起初我并不知道这本小说对日本年轻人来说是一本既古老又难懂的书，对他们来说这本书更像是一本

希望读者能够将这本书永远放在身边。力图制作一件『精美之物』。

——collect.apply design company

教科书。听了学生们的话，我才对此有所了解。于是我想，为了让年轻人能发现这本书的魅力所在，愿意将这本书永远放在身边，就要设计出一件'精美之物'。"

对于护封设计，设计师从书名中选出了"吾"、"猫"、"る"这几个字，让每一个字绕护封一周。通过在白底上采用透明烫金工艺，就能从不同角度看到它的微妙变化，呈现出薄薄的既算不上文字又算不上图案的纹路。如果将三本书排列放好，从书脊上看过去，既没书名也没有作者名，取而代之的是部分被切割的压花文字，从视觉效果上讲，就像做拼接图的时候胡乱拼出的一幅怪异图片。如此这般将汉字和日语假名灵活运用的方式，也只有将日语作为一种符号来客观看待的哈尔设计师才能想得到吧。

"这本小说太有名了，因此我想避开直接的表达方式，尝试一下更微妙的手段。书上并没有印刷'上、中、下'字样，因而可以随心所欲地排列。如果摆在书架上，读者会不会因为思量这是本什么书而伸手拿来看看呢？"

重视易读性，内页排版是基础

"在设计时，我们首先想到的是猫。"哈尔设计师说道。因此在布制的封面上，将过去詹姆斯父亲一笔画出的一幅猫图进行了烫金加工，而且还在护封的背面印上了从猫的视点看到的，仿佛小说主人公会随时出现的风景照片。这两处设计只有揭开护封才能看到。

在这次书籍设计中最令设计师头疼的是正文排版。即使从设计的角度来看，排版也只能是称得上漂亮，但是作为外国设计师，要想判断这些别国文字的字体和排版是否容易阅读，就没那么容易了。

"我们参考了学生们的意见，将字间距、行间距和注音等作为基本要素，探讨了该如何才能易于阅读。如果余白设计不合适的话，就会让读者误以为有什么特别的意义，因此在这方面特别注意了平衡。"

collect.apply design company设计的这本《我是猫》真是令人赏心悦目。"装帧得如此精美，好想读读这本书呀！" 年轻人的话语声，似乎回响在耳畔。

夏目漱石
吾輩は猫である

祖父江慎

（cozfish）

当今时代继承的"五叶精神"

傲慢的幽默。

看似书套一般的封面装帧。

以100年前的书籍装帧工作为基础，

还以当代鬼才的再设计。

祖父江慎
Sobue Shin

书籍设计师、cozfish 公司法人代表。对所有出版物都怀
有非同寻常的"专注力"，活跃在日本书籍设计的最前沿。
一直热衷于研究百年来出版过的有关《哥儿》的书志。
相信不久就要出版《祖父江慎 +cozfish》(PIEBOOKS)。

装订：上岛真一（美篶堂）
烫印：cosmotech有限会社

本书的设计规格

护封：无

封面：アサヒクロースASF（由アサヒクロース株式会社生产的寒冷纱布）

环衬：新鸟子纸，浅奶油色，32开，Y目，90kg

扉页：新鸟子纸，浅奶油色，32开，Y目，70kg

正文用纸：ファーストヴィンテージ（由特种东海制纸株式会社生产的特殊纸），亚麻色，32开，Y目，43kg

　　　　ファーストヴィンテージ（由特种东海制纸株式会社生产的特殊纸），火山灰色，32开，Y目，43kg

堵头布：无

书签带：朱红色，宽4mm的丝带

明治时期活版印刷技术的结晶，手掌大小的"袖珍本"。虽然很小，但容量很大，采用了便于携带的书籍设计。"相当于现在的文库本，但图文设计上非常豪华。"

书签带比一般书籍的平面丝带略长一些，用来表现心情和猫的尾巴。使用的颜色据说是夏目漱石喜欢的朱红色。书顶刷金。

正文部分大量使用了桥口五叶、中村不折等人在杂志《杜鹃》中所画的插图。正文用纸采用轻薄结实的特殊纸。"翻书的时候，那种哗啦哗啦的声音再美妙不过了。"

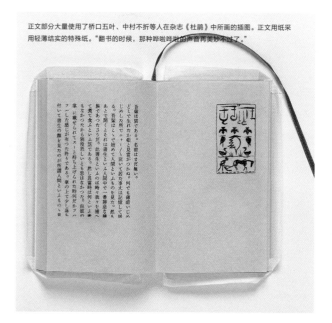

封面四周翘着。在装订上，采用活腔背，打开书的时候，能够一直开到订口位置，阅读起来很方便。尽管是携带用书，但采用了即便放在桌上阅读也不会随便闭合的贴心设计。

CASE. 21

祖 父 江 慎

将画家中村不折所画的插图配在扉页上。"夏目漱石似乎喜欢相扑，喜欢发亮的肌肉，为了迎合他的兴趣，我们对插图进行了透明加工，这幅画似乎也变得油亮光滑起来。"使用了与夏目漱石喜欢的纸（鸟之子）相近的纸（新鸟子纸）。

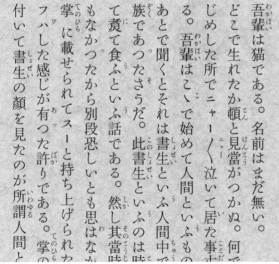

字体是依照杂志《杜鹃》的字体合成制作的。对文字大小不均之处稍微进行了调整，在特殊字体上对每一个文字进行了设计。按照初版时的旧体假名、旧体汉字进行了设计。通过注音译成现代语言。

227

【 书 籍 设 计 的 细 节 】

初期《我是猫》的排版和装帧

原来是这样的！

《我是猫》（以下简称为《猫》）原本是一部短篇作品。这篇小说是为了朗读会而专门写作的。而提供这次写作机会的则是夏目漱石的朋友——高浜虚子。当时的高浜虚子正热衷于写生文，他对夏目漱石说："我们有一个朗读会，请你写点什么吧。"于是，夏目漱石就写下了这篇令人发笑，傲慢自大的野猫所描述的人类世界。没想到，这部小说很受欢迎，高浜虚子就将这部小说刊登在了其主办的杂志《杜鹃》上。由于受到好评，于是又写了一章，接着又写了一章……最后变成了

刊登《我是猫》的杂志《杜鹃》。编辑是夏目漱石的好友高浜虚子。即使现在看来，封面设计也非常新颖。

一部11章的长篇小说。

这个时期的夏目漱石可以说是意气风发。和《猫》同时期发表的作品《哥儿》几乎没有修改，一气呵成。作品的立场也很相似，这两部作品的主人公都很不起眼，但却又自以为是。其易读性和节奏性非常好，让人几乎读不到当时旧小说的感觉。其文体是划时代的。

连载杂志《杜鹃》不断变化的排版

杂志《杜鹃》上刊登的《猫》在排版上也很出色。当时出版业大

《我是猫》的初刻版本。夏目漱石亲自担任制作人，书籍设计请桥口五叶来做。正文内页的尺寸超过了封面的尺寸。全部采用折页装订，在书籍装订上具有划时代的意义。

概的状况是这样的：明治时期的头十年，雕版印刷的书还有很多。到了20年代，活版印刷书开始盛行，而到了30年代，各家出版社为了便于阅读，开始探索活字印刷的排版规则。直到明治时期的40年代前后，关于汉字的假名注音之争开始白热化。

如果仔细观察在杂志《杜鹃》上刊登的《猫》的排版，就会发现随着每一章的发表，其排版也渐渐变得和现代的样式相近了，这是耐人寻味的。比如，在第一章中只有句号（。）没有逗号（，）。标点使用上，不用句点而是用句号。读起来费解的外国人人名等使用了连接号（—）。在排版上，对话的前后不仅没有换行，文章开头也没有空一格。文字排列得满满的。所以人们猜测这一章原本就

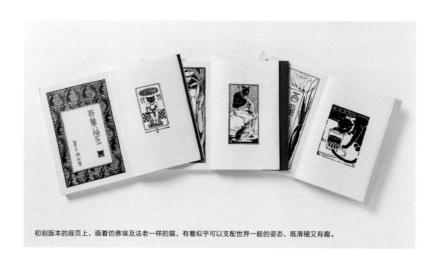

初刻版本的扉页上，画着仿佛埃及法老一样的猫，有着似乎可以支配世界一般的姿态，既滑稽又有趣。

不是为了刊登在杂志上而创作的。第二章使用了句号和逗号，没有了连接号。从第三章开始，文章开头空一格。而到了第四章，对话的前后增加了换行，换行之后的引用语所用的括号（「　」），看起来已经变成了半角文字，从第五章开始则变成了全角文字……文字排版一直在不停地变化着。因此，到了最后一章的引用语所用的括号（「　」），变为了文字的1.5倍。这样的排版，已经和现在的岩波书店的排版规格相同了。渐渐地，版面变得越来越宽松。这个过程很有意思吧。因为《猫》的手稿不全，因此版面的变化无从知晓，但是《哥儿》的手稿上，有几处夏目漱石对于排版的意见，从这个角度来考虑的话，《猫》在排版上也许同样有夏目漱石自己的意愿吧。

桥口五叶设计装帧的袖珍本。单行本的正文部分虽然比封面尺寸大，但袖珍本则反之，可以从侧面包住内页。

溢出封面的内页！
令读者惊叹不已的画家桥口五叶

《猫》最终作为单行本发行了。从明治三十八年开始到明治四十年之间，由春阳堂出版发行的《我是猫》，分上中下三册。这三册书可以说是日本最早有意识地进行装帧设计，具有划时代意义的书籍。

《猫》刚刚出版的时候，正是书籍装订从和式变成洋式不久的时期。和式装订的书籍，只在和纸的一面印刷文字，折页线装之后、折页的内侧不印刷文字。而《猫》采用了洋式折页（无切割）装订，所以折页内侧也印有文字，如果不撕开折页处，就不能阅读到里面的

在大正十一年美国发行的《I am a cat》。基本保持了日本版的风格，在封面上无所顾忌地使用了猫的形象和夏目漱石最爱的朱红色。

文字。而且，书的正文页面比封皮要多出1cm左右，露出了内页的边儿！那时候，洋式装订设计的书虽然很多，但像《猫》这样的采用直角书脊，封面很薄的书肯定没人见过。

这本书的设计是由画家桥口五叶做的。可是这个划时代的书籍设计方案到底是夏目漱石想到的还是桥口五叶的创意就不太清楚了。夏目漱石告诉画家自己希望使用的封面纸张和颜色，然后请画家想办法去完成。桥口五叶在封面和扉页处画了猫，他以其新艺术派的笔触，勾勒出野猫感受到的世界，描绘出绝妙的神韵，展示了他充满智慧的幽默感。书名改用片假名表示，我想这应该与当时使用片假名会显得更加有学问的风气相关，因而此书片假名才会用得比较多吧。

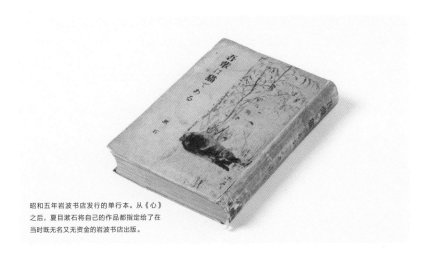

昭和五年岩波书店发行的单行本。从《心》之后，夏目漱石将自己的作品都指定给了在当时既无名又无资金的岩波书店出版。

中下卷的插画由浅井忠所画，上卷由其弟子中村不折所画。这似乎是因为夏目漱石不喜欢中村不折那种轻柔的和式画风，转而请笔触强劲有力、充满朝气的浅井忠来画了中下卷。

小巧精致，功能齐全的
明治时代的iPhone——袖珍本

从明治开始到大正期间，"袖珍本"（寸珍本）非常流行，是一种可以揣在怀里的小尺寸书籍。正文用纸很薄，印满了文字，文章中的文字量很大，携带方便。而且书籍设计也很漂亮精致，就像现在拿着iPhone的感觉一样。

由五叶设计的《猫》，在明治四十四年，由大仓书店出版了全一册的袖珍本，这在当时也是很了不起的事情。

单行本的正文用纸比封面大一些，而袖珍本则与此相反，封面的三个边都要多出一些。封面大到可以将正文内页包住，是不是挺奇特的？书顶被涂成了金色，并且装入了书匣，更显其奢华。

CASE. 21
祖父江慎

过去的旧书店——岩波书店
从危机中拯救了夏目漱石的作品

夏目漱石的作品曾经由春阳堂和大仓书店这两家出版社出版。夏目漱石脾气古怪，他没有为了赚钱将自己的作品拿给大型出版社，而是觉得应该让一家喜欢自己作品的出版社出版，于是他将作品交给了一家旧书店。这家旧书店就是当时的岩波书店。因为岩波书店只是街上的一家旧书店，没有什么资金，于是夏目漱石提出"那就让我自己来做书籍设计吧"，他亲自对小说《心》进行了书籍设计。这部小说的设计现在收录在《漱石全集》之中，全部保留了当时的样子。

夏目漱石去世之后，在昭和五年，岩波书店出版了《猫》，而其封面则采用了夏目漱石亲笔画的猫。

夏目漱石的判断非常正确。之所以这么说，是因为不管是大仓书店，还是春阳堂，这两家出版社出版的书错字漏字都很多，所以随着新书的出版，文章就越来越走样。而岩波书店花费时间进行研究，这才渐渐地将这些书回复了原貌。

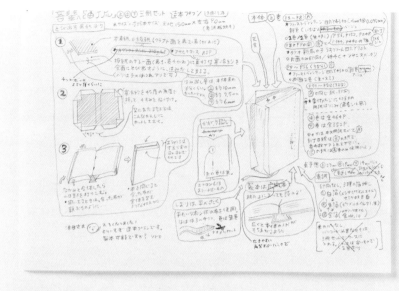

手写的书籍设计方案。从规格、素材到文字,生动地再现了最终书籍设计的全貌。

「ほんにねえ」は到
はない。矢張り天麩
は使えない。甚だ惡
邪を引いて咽喉が
「何だかしくしく
くと、どなたで

床の間の前に碁
坐して居る。
「たゞは遣らな
羊羹を引つ張り
「いかい」と迷亭君
「そんな事をす

吾輩は先づ彼がどの
つて左の問答をして
「一體車屋と教師と
車屋の方が強いに極
の主人を見ねえ、

「知らないわ、ねえ
になさいな、ねえ
「いや、まだ飲む
「えゝ。さうした
「Archaiomeles…
「出鱈目でせう

君も車屋の猫丈に

吾輩は猫である
夏目
漱石

上图是当初在杂志《杜鹃》上发表时的文字排版。下图是本次设计的排版。请注意文章开头的空格。

第一章的版面设计,在注音的位置增加了在杂志《杜鹃》上发表时被省略的括号。第二章的文章开头部分,按照当初在杂志《杜鹃》发表时的版面设计,进行了稀疏化处理。第七章,文章开头的括号空一格。第十一章,文章括号空1.5格。

CASE. 21

祖父江慎

祖父江慎设计师拥有的部分与夏目漱石有关的资料。每一本都很珍贵。

| 合成フォント： | 漱石テスト | | 単位： | ％ | | OK |

	フォント		サイズ	ベースライン	垂直比率	水平比率	⊹
漢字：	I-OTF明朝オール...	R	100%	0%	100%	100%	-
かな：	A-OTF 秀英5号...	L	100%	0%	100%	100%	✓
全角約物：	I-OTF明朝オール...	R	100%	0%	100%	100%	-
全角記号：	I-OTF明朝オール...	R	100%	0%	100%	100%	-
半角欧文：	I-OTF明朝オール...	R	100%	0%	100%	100%	-
半角数字：	I-OTF明朝オール...	R	100%	0%	100%	100%	-
カタカナ：	築地体前期五号...	Regular	92%	0%	100%	100%	✓
音引き：	ＫＲことのは		70%	0%	100%	73%	✓
。：	メガ丸 Std	L	100%	0%	100%	100%	-
おおがえし：	築地体後期五号...	Regular	100%	0%	100%	100%	-
カギカッコ：	I-OTF新聞明朝Pro	R	100%	0%	100%	100%	-
だ：	築地体前期五号...	Regular	100%	0%	100%	100%	-
、：	ＫＲことのは	-	100%	0%	100%	100%	-
小さくする：	A-OTF 秀英5号...	L	95%	0%	100%	100%	✓
こ：	築地体前期五号...	Regular	100%	0%	100%	90%	✓
で：	A-OTF 秀英5号...	L	100%	0%	100%	100%	-

キャンセル

新規...

保存

フォントを削除

読み込み...

特例文字...

| I-OTF明朝オール | R | ÷ 100% | ÷ 0% | ÷ 100% | ÷ 100% | | ⊹ |

サンプルを隠す

合成字体的设计规格。

【 设 计 灵 感 】

如果漱石和五叶还活着的话，这本书的装帧一定会是这样的吧。

——祖父江慎

在"调查"基础上的书籍设计

不论是在他人眼里，还是祖父江慎设计师自己，都承认其非常喜欢研究夏目漱石的著作。他的办公室书架上摆满了过去100年来发行的夏目漱石所著的《哥儿》，让人们感到他对夏目漱石的偏爱非同寻常。

祖父江慎设计师这次经过充分准备后，向我们展示了他的设计。封面看上去像书函一般将书口围了起来，这种奇特的书籍设计让人感到惊奇。不仅如此，这本书还是袖珍本，大小为150mm×90mm。设计师表示，他希望再现明治时期人们拿到前所未见的《我是猫》时所感到的那种震撼。

"书籍设计一般来说有两种。一种是以设计师为中心，重新排版设计而成；另一种则是将当时的世界简单明了地变为现代的。这次我采用了后者。"

CASE. 21
祖父江慎

通过忠实再现当时的印刷方式，
再次呈现初刻版本的感人之处

本书的书籍设计是在明治四十四年桥口五叶设计的袖珍本基础上改良的。不论是书的尺寸，还是四周能够包住内页的封皮，都再现了这本书原来的风貌。正文内页使用了袖珍本最常用的薄纸，书顶涂成金色。

封一、封二、封三、封四的设计上，同样采用了在明治三十八年到四十年间最初的单行本中桥口五叶所绘的插图。而且正文中全部使用了桥口五叶、中村不折、浅井忠、夏目漱石当时为这本小说所配的图。

在正文排版上，与初次在杂志《杜鹃》上发表时的排版设定相同。为此，文章开头的空格以及标点符号的处理，也随着每一章在不断变化着。每行的文字数和初次发表时相同，均为24个字。

"在写作这部作品时，夏目漱石所用的稿纸也是一行24个字的。还有，当初第一章可能不是在稿纸上写的，这章特意采用了其他纸张以示区别。"

在字体设计上，将现在常用的字体通过设计软件InDesign的"合成字体"功能进行了重新组合，仔细调整为和当时具有相同风格的字体。

"我尽可能地让这本书更接近初刻版本，再现当初令人感动的文字。就连文字的倾斜度都按照当时的样子，一字一句地进行了精心修改。文字大小，也理所当然地采用了当时在杂志《杜鹃》上发表时相同的5号字体。旧汉字、旧假名的使用方法也是按照当时的样子，没做任何改动。"

只有汉字的话读起来还是比较困难，于是，设计师又通过红色的注音加注了汉字的读法。另外，在初刻版本中被省略的括号等，也在注音位置上被添加了。不仅如此，在栏外还增加了便于理解的注释。

书名用片假名表示。"当时，比较有学问的文章，片假名用得比较多。"

书名文字和五叶设计的一样采用了隶书体。问其理由，得到了令人信服的回答："甲骨文和隶书体，都是没有笔顺的、渗透着几何学的文字。虽然楷书和明朝体是在历史中逐渐形成的文字，但甲骨文和隶书体则是既没有重力，又没有时间，更没有远近感的神之文字。它们看起来很高贵，正好适合这本书吧。"

对夏目漱石充满敬意的杰出设计，请您认真仔细地、不放过任何一个角落地阅读吧。

佐藤直树（ASYL）

献给和书本渐行渐远的
手机一代

哥特字体的正文，
黑白颠倒的大胆纸面设计。
电子书籍时代里令人备感亲近的
文学书的崭新风格。

佐藤直树
Sato Naoki

1961 年出生。北海道教育大学毕业后，又在信州大学学习社会学（教育社会学·言语社会学）。美术学校菊畑茂久马绘画培训班结业。做过体力劳动，当过编辑，在经历过各种行业后开始从事设计。现在为 ASYL 的法人代表。多摩美术大学副教授。

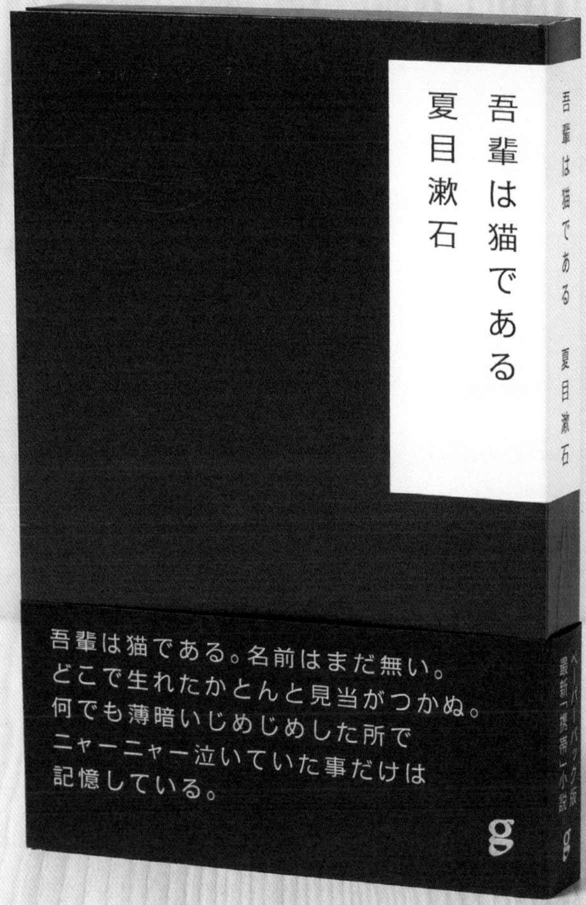
吾輩は猫である
夏目漱石
吾輩は猫である 夏目漱石
吾輩は猫である。名前はまだ無い。
どこで生れたかとんと見当がつかぬ。
何でも薄暗いじめじめした所で
ニャーニャー泣いていた事だけは
記憶している。

装订：渡边博之（博胜堂）

本书的设计规格

护封：无

封面：クニメタル（由吉森株式会社生产的高级黑色、金属色印刷卡纸），KB230

环衬：黑色优质纸，薄

扉页：黑色优质纸，薄

正文用纸：黑色优质纸，薄

堵头布：无

书签带：无

封面采用从里到外都是黑色的"クニメタルKB230"，
正文也使用了黑色优质纸，使整本书仿佛一块黑砖一般。

封面的靠上部分印有猫的样子，并采用了压花加工。

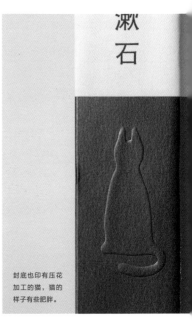

封底也印有压花
加工的猫，猫的
样子有些肥胖。

CASE. 22

佐藤直树

244

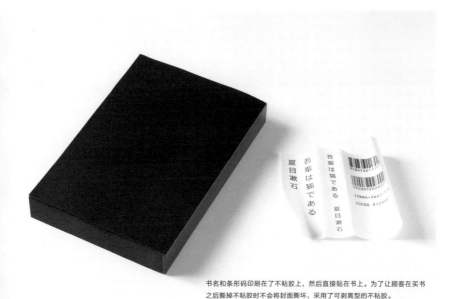

書名和条形码印刷在了不粘胶上，然后直接贴在书上。为了让顾客在买书之后撕掉不粘胶时不会将封面撕坏，采用了可剥离型的不粘胶。

正文为黑底白字。如果将白纸印成黑色，文字留白的话，读起来会感觉不舒服，然而在黑色纸上印刷白字的这种做法，却出乎意料地易于阅读。

【书籍设计的细节】

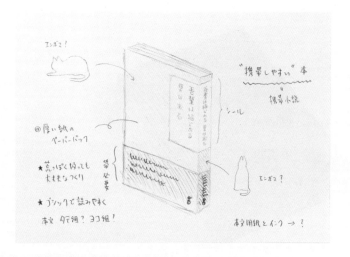

记录创意的草图。从一本平装书的初步设想到细节都被一一记录了下来。

在这次设计中，参考了一些国外的平装书样品，找到了"不要过于贵重"的设计方向。

CASE. 22

佐藤直树

正文排版到底是采用竖版还是横版？字体效果有何区别？试做了几十种排版进行比对，只为找出最好的设计方案。

【设 计 灵 感】

希望这本书成为轻松随意、引人入胜的休闲文学小说

装订道场《我是猫》的压轴之作是由《设计典藏》上发表连载专访的艺术总监佐藤直树先生设计的。从本书的头篇文章开始，佐藤直树设计师看了那么多丰富多彩的书籍设计案例，轮到自己提出方案时，会不会备感压力呢？

"做出与夏目漱石的传统装帧相媲美的新颖设计，我自认为办不到，所以我决定不去刻意追求这种境界（笑）。对于一本已经公版的书来说，将来可能会流行于在线定制或电子书领域。在这种趋势下，有些设计师认为，书籍要想存续下去，就要在设计等方面下功夫，提高其作为物品的性能。但是我认为，如果在这方面做得太过的话，书就会变成物品，而不再是书了。所以我想，既然是公共物品，那么就设计一本想读就能读，集娱乐消遣为一体的读物吧。"

日本·近代·文学——竖版明朝体，能不能将这种定式扬弃，自然而然地开辟出其他方向？对此进行了尝试。

——佐藤直树

CASE. 22
佐藤直树

佐藤直树设计师想到了外文书中使用最多的平装书。和日式的"过剩包装"不同，外文书既没有护封也没有书腰，样式非常简单，"那种用着很随便的感觉令人爱不释手"。如果弄脏了，简单地擦一下就行，封面采用了从里到外全黑的金属涂布纸。

"设计时，我希望这本书能像iPad或iPhone那样，具有移动终端的感觉，而书籍是不用担心中途没电的（笑）。从我自己的角度来说，还是喜欢有本书在身边，走到哪读到哪，它的成熟可靠让我十分安心。"

从书和手机的双重角度来寻找匹配的字体

这本书的最大特点，可以说是正文内页的黑底白字。这种将白纸黑字颠倒过来的大胆创意，是设计师根据故事内容想到的。

"在阴暗潮湿的地方，一只猫'喵喵'地叫着。想象着这样的情景，如果设计为在黑暗中文字像气泡般'咕噜咕噜'冒出的感觉，就会有融入故事、身临其境的效果了吧。将这一想法付诸实施后，反响竟然非常好。读书时眼睛也不累，我体会到了阅读的轻松愉悦，因此觉得这么做行得通。"

最令佐藤直树设计师煞费苦心的就是正文的字体了。本来这本书的设计理念是"让不读书、玩手机的一代人能够尽快地亲近图书"。既然如此，对于习惯了阅读手机小说的人来说，比起明朝字体，哥特字体是否应该更自然一些？排版上是竖版还是横版更容易阅读？字间距和行间距怎样设定？为此，佐藤设计师花了很多时间，做了多种排版进行比对，最终选择使用竖版，字体为《每日新闻》的哥特字体L。

"从个人角度来说，最近我对明朝体有违和感。字体上的'提'、'顿'之类的笔画，信息过多，读书时会常常因为注意文字的形状而不能好好阅读（笑）。而只要提到日本·近代·文学的排版，结果都是竖版明朝体。虽然换成其他字体有些勉为其难，但至少用在书中的确漂亮一些，让看惯手机的人看这些文字，能够一下子就看进去。从这个角度来说，我决定选择《每日新闻》哥特字体L。看来还是在纸面上进行调整确定下来的字体，能让人感到更加实在可靠。"

很想看看年轻一代对此作品的实际反应。这真是充满实践和创新精神的书籍设计啊。

CASE. 22
佐 藤 直 树

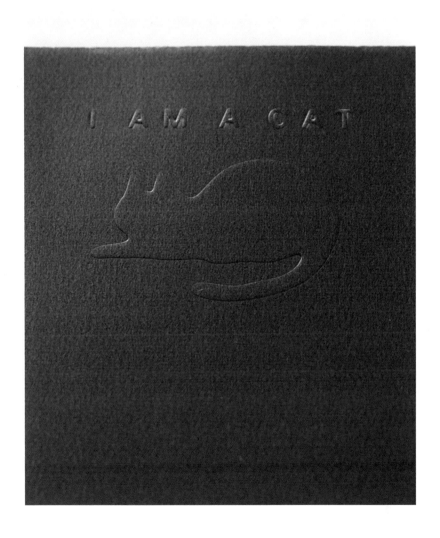

251

堤德

令人发笑，
活泼可爱的淘气猫

让人感到发现的愉悦、
或有所得的创意条形码。
原本空空如也的封底，
也会因为这样一只淘气猫，
而变得趣味横生。

design barcode
株式会社

2004 年 7 月成立。2005 年荣获优秀设计奖，2006 年荣
获 TDC 奖，在戛纳国际广告节上获奖。堤德设计师是
design barcode 株式会社的设计师。

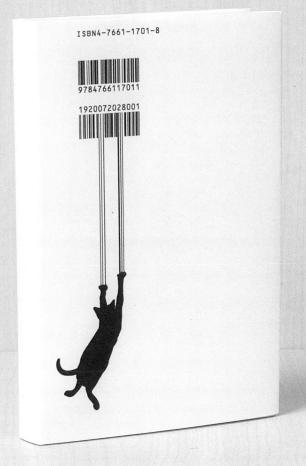

条形码设计：堤德（design barcode 株式会社）

在设计方案中把草案与实物的误差考虑周详

正因为限制很多，才更值得一干。要想让人为之惊叹，就要不达目的，誓不罢休（笑）。

——堤德

自从2003年清凉饮料首次采用设计条形码以来，创意条形码已经渗透到各个领域。在此之前，条形码只不过是一些毫不起眼的黑白符号，而创意条形码的出现，则让条形码转变为可以宣传商品的噱头，作为一种让消费者赏心悦目的新型广告形式，逐渐确立了其在设计中的地位。

"在此之前，条形码是比较招人讨厌的，很多人不喜欢，觉得碍事。而现在，这终于有所改观，我为此感到高兴。看到原本上不了台面的条形码，也能让人产生惊喜，作为这些条形码的设计师，会感到很满足。"堤德设计师笑着说。

堤德设计师所在的设计公司，在设计一个方案时，标准的工作程序是，员工们集思广益，提创意，交换意见，然后在此基础上再进行精雕细琢。这次设计的条形码由二段组成，看起来仿佛是猫的抓痕。它是从全体设计人员提出的近十种方案中挑选出来的。这些方案中既有朴素的，也有大胆的。在选出的这个设计方案中，猫伸着爪子，向下滑落的同时又似乎发出了"喵喵"的叫声，那充满谐趣的声音仿佛就在耳边，让人不由得会心一笑。

"我想担任此书设计的设计师一定会让猫出现在某个画面中吧，因此我决定以猫为主题来设计条形码。有的创意是在街上闲逛时出现在脑海里的，还有很多想法则是在上下班的电车上一闪而过的。即使有些设计草案看起来不错，而要真正完成这些设计图却又是另外一回事了。如果是手绘的话，虽然会有很好的艺术表现力，但实际上和严密的条形码相配的时候，画面常常不能与之相合。在这方面，能不能成为条形码，我一看就能知道。"

安全性优先，演绎出魅力四射的亮点

因为创意条形码具有功能性的特点，即使它看起来很有意思，或是冲击力很强，都不能仅从这点上来认定一个作品的好坏，这就是设计创意条形码最大的难点。Design barcode株式会社在设计条形码时，在"设计性"的基础上，还必须满足"安全性"、"识别性"这两个条件。

"不管设计的图形多么好，若由于读码机可能会误读或是条形码过于融入图画之中不能马上被识别，这样的设计都不能予以采用。条形码是为了提高货款的结算效率而设计的，如果反而因此带来了混乱，就本末倒置了。"

猫毛倒竖的设计方案就属于这种情况。这个设计虽然很清新秀逸，但为了表现临场感，线的一头过于纤细，因此可能会被读码机误读，这个方案也就不能采用了。当然，最终选择的方案是满足了条形码所有条件的设计范例，实际摆在书店里销售也不会出现任何问题。看到这本书的条形码，人们会作何反应呢？面对这份意想不到的"赠品"会心一笑的人，恐怕不止一两个吧。

"我认为条形码设计不是主角，最多不过是封底的一个亮点而已。只有发现这个亮点的人才会怦然心动，耐不住要将自己的发现告诉别人。而这一点才正是创意条形码的魅力所在吧。"

EXTRA CASE.01
堤 德

猫毛倒竖的样子，在数码记号中不能确实地表现出来。条形码的前端因为太细而被误读的可能性比较大，因此没有采用这个方案。

公司员工集思广益设计的草案。那幅用"辈"字组成条形码的大胆提案正是堤德设计师的。还有一些其他员工的想法也很新颖。

EXTRA CASE.02

刊登日期：2007.06

绀野慎一

用字体×排版探寻
文字表现的可能性

经历活版印刷、照相排版的时代，
继承前人的排版理论。
探索只有在数字化的今天
才能做到的新正文排版法。

绀野慎一
Konno Shinichi

凸版印刷株式会社情报·出版事业本部、技术开发本部、
技术 SE 部、CS 团队总监。最近其字体排版的代表作品
有《尤金尼亚之谜》（角川书店）、《恐子的恐是恐怖的恐》
（讲谈社）等等。

吾輩は猫である。名前はまだ無い。

どこで生れたかとんと見当がつかぬ。何でも薄暗いじめじめした所でニャーニャー泣いていた事だけは記憶している。吾輩はここで始めて人間というものを見た。しかもあとで聞くとそれは書生という人間中で一番獰悪な種族であったそうだ。この書生というのは時々我々を捕えて煮て食うという話である。しかしその当時は何という考もなかったから別段恐しいとも思わなかった。ただ彼の掌に載せられてスーと持ち上げられた時何だかフワフワした感じがあったばかりである。掌の上で少し落ちついて書生の顔を見たのがいわゆる人間というものの見始であろう。この時妙なものだと思った感じが今でも残っている。第一毛をもって装飾されべきはずの顔がつるつるしてまるで薬缶だ。その後猫にもだいぶ逢ったがこんな片輪には一度も出会わした事がない。のみならず顔の真中があまりに突起している。そうしてその穴の中から時々ぷうぷうと煙を吹く。どうも咽せぽくて実に弱った。これが人間の飲む煙草というものである事はようやくこの頃知った。

この書生の掌の裏でしばらくはよい心持に坐っておったが、しばらくすると非常な速力で運転し始めた。書生が動くのか自分だけが動くのか分らないが無暗に眼が廻る。胸が悪くなる。到底助からないと思っていると、どさりと音がして眼から火が出た。それまでは記憶しているがあとは何の事やらいくら考え出そうとしても分らない。

ふと気が付いて見ると書生はいない。たくさんおった兄弟が一疋も見えぬ。肝心の母親さえ姿を隠してしまった。その上今までの所とは違って無暗に明るい。眼を明いていられぬくらいだ。はてな何でも容子がおかしいと、のそのそ這い出して見ると非常に痛い。吾輩は藁の上から急に笹原の中へ棄てられたのである。

ようやくの思いで笹原を這い出すと向うに大きな池がある。吾輩は池の前に坐ってどうしたものだろうと考えて見た。別にこれという分別も出ない。しばらくして泣いたら書生がまた迎に来てくれるかと考え付いた。ニャー、ニャーと試みにやって見たが誰も来ない。そのうち池の上をさらさらと風が渡って日が暮れかかる。腹が非常に減って来た。泣きたくても声が出ない。仕方がない、何でもよいから食物のある所まであるこうと決心してそろりそろり

字体排版：绀野慎一（凸版印刷）

这个工作和侍酒师一样需要综合考虑对方的心情以及原材料的特性，才能提出搭配方案。

——绀野慎一

打破常规束缚，
提出顺应时代的方案

凸版印刷有限公司的绀野慎一先生恐怕是日本第一位被称为"字体编辑"的人吧。讲谈社的期刊《FAUST》的主编太田克史先生在期刊创刊之际，因为欣赏绀野先生那卓越的字体知识和品味，而称赞他为"字体编辑"。

"做这项工作最大的乐趣不仅仅是选择字体，而是如何将作者或编辑设定的世界观，通过文字的表现方法进一步得到体现。为了不断地摸索可能性，就不能被迄今为止的排版理论所束缚。这么做为什么就不行，要一字一句地仔细推敲，并在此基础上继承必要的理念，同时也必须顺应时代的发展，不断地加以完善。因此，在本次设计中，我做了很多尝试。"

让我们比较一下包括"游明朝字体"的两种方案。不管哪一种方案，每一行都比较短，没有压迫感，易于阅读。第一种方案的排版非常传统，相比之下，绀野先生极力推荐的另一种方案则在每一行的开头空两格，标点符号后面的空格也做了调整，他所做的这些尝试在一般书籍中的排版中是看不到的。而且，相对于文字来说，句号比较大、使用了不同的片假名字体等等，这样的版面设计不仅没有让读者产生违和感，还会觉得恰到好处。这就是绀野先生的独到之处吧。

"行距大虽然便于阅读，但是这样的话节奏就太慢了。为了使读者读起来更有节奏感，我常会对行距以外的部分进行一些调整。一般来说一行的字数在42个左右，如果一行缩减到36个字的话，读者就会感到阅读速度加快了。标点符号的空格也做了改变。逗号后面的空格为八分之一，句号后面的空格为全角的二分之一，这样能够增加字里行间的抑扬顿挫感，不仅不会破坏快速阅读的感觉，而且还能让读者随着标点符号的节奏，仔细品味每一句话，提高阅读效率。"

动用所有信息，
创建理想的表现方式

日语假名注音也具有特色。一般来说，注音字体的大小可设定为被注音文字的二分之一，而这次则设定为了三分之一。由于字体变小，不仅没有对原文产生影响，反而感到更容易阅读了。

"因为'游明朝字体'比较小，所以读者可能不会发现，正文所使用的字体其实比一般字体要大一些。因此，即使注音字体是被注音文字字体的三分之一，也不会因为太小而看不清楚，这样的正文字体的注音如果设定为原文字体的二分之一的话，反而会太大，不够讲究了。从设计版面的角度来看，这样的尺寸还有一个很大的好处。比如，给一个汉字注音的日语假名如果包含了三个字母，并设定假名字体为该汉字的二分之一，就会出现一个注音假名的位置超出该汉字的范围等等不好处理的问题，而如果采用三分之一大小的话，这些问题就迎刃而解了。"

版面的余白设计也很与众不同：上面大，下面小。之所以这么做也是有理由的。"我想这部小说在当初也许是另辟蹊径的作品。这么设计版面的话，是不是就可以表现出贯穿全篇的那种不安定感呢？其实这种方法是设计恐怖小说或悬疑小说中经常使用的方法。"

绀野慎一先生将字体比作自己最喜欢的葡萄酒，而自己的工作则和侍酒师有些相似。"干这个工作不仅需要知识，还必须有洞察力和创作灵感。我一直努力调动所有的信息，力争达到最好的效果。"

EXTRA CASE. 02
绀 野 慎 一

吾輩は猫である　名前はまだ無い。どこで生れたかとんと見当がつかぬ。何でも薄暗いじめじめした所でニャーニャー泣いていた事だけは記憶している。吾輩はここで始めて人間というものを見た。しかもあとで聞くとそれは書生という人間中で一番獰悪な種族であったそうだ。この書生というのは時々我々を捕えて煮て食うという話である。しかしその当時は何という考もなかったから別段恐しいとも思わなかった。ただ彼の掌に載せられてスーと持ち上げられた時何だかフワフワした感じがあったばかりである。掌の上で少し落ちついて書生の顔を見たのがいわゆる人間というものの見始であろう。この時妙なものだと思った感じが今でも残っている。第一毛をもって装飾されべきはずの顔がつるつるしてまるで薬缶だ。その後猫にもだいぶ逢ったがこんな片輪には一度も出会わした事がない。のみならず顔の真中があまりに突起している。そうしてその穴の中から時々ぷうぷうと煙を吹く。どうも咽せぽくて実に弱った。これが人間の飲む煙草というものである事はようやくこの頃知った。

この書生の掌の裏でしばらくはよい心持に坐っておったが、しばらくすると非常な速力で運転し始めた。書生が動くのか自分だけが動くのか分らないが無暗に

眼が廻る。胸が悪くなる。到底助からないと思っていると、どさりと音がして眼から火が出た。それまでは記憶しているがあとは何の事やらいくら考え出そうとしても分らない。

ふと気が付いて見ると書生はいない。たくさんおった兄弟が一疋も見えぬ。肝心の母親さえ姿を隠してしまった。その上今までの所とは違って無暗に明るい。眼を明いていられぬくらいだ。はてな何でも容子がおかしいと、のそのそ這い出して見ると非常に痛い。吾輩は藁の上から急に笹原の中へ棄てられたのである。

ようやくの思いで笹原を這い出すと向うに大きな池がある。吾輩は池の前に坐ってどうしたらよかろうと考えて見た。別にこれという分別も出ない。しばらくして泣いたら書生がまた迎に来てくれるかと考え付いた。ニャー、ニャーと試みにやって見たが誰も来ない。そのうち池の上をさらさらと風が渡って日が暮れかかる。腹が非常に減って来た。泣きたくても声が出ない。仕方がない、何でもよいから食物のある所まであるこうと決心をしてそろりそろりと池を左りに廻り始めた。どうも非常に苦しい。そこを我慢して無理やりに這って行くとようやく

铃木贵

EXTRA CASE.03

刊登日期：2007.10

激发想象力，
挖掘纸的潜力

朦胧梦幻般的粉色引人注目，
名符其实的、如同玫瑰一样的色彩。
崭新的纸却让人顿生怀旧之情，
这就是正文用纸的新标准。

铃木贵
Suzuki Takashi

王子制纸株式会社洋纸技术部经理，拜访过数百名设计
师。深切感受到纸张制造者和设计师之间的交流非常重
要，因而设立了"OJI PAPER LIBRARY"。重新回归生产
者的原点，亲自发布有关纸张的信息。在各领域充当着
用纸的综合导航。

正文用纸精选集：铃木贵（王子制纸）

新颖中洋溢着明治时代的怀旧

作为业内首次尝试创办的"王子纸张图书馆",自从在银座的总公司开门迎客以来,引起了强烈反响。王子制纸公司洋纸技术部的铃木贵先生当初参与了图书馆的建立,现在仍是企划负责人。

"希望人们能够进一步了解纸张。特别是正文用纸,现在几乎没有关于这方面的信息,设计师们虽然对于护封或环衬用纸非常讲究,但对正文用纸也同样用心的设计师似乎并不多。我觉得这样有些可惜。正文用纸在书中占了很大比重,仅我们公司生产的就有百种以上。使用什么风格的纸张,不仅会使印在上面的图画和文字产生不同的效果,其所渲染的气氛也会大大改变。"

因此,为了符合《我是猫》的书籍设计,铃木先生建议大胆使用这种质地柔软、呈粉色的"超级OK系列嵩高纸",这种纸明度高,粉色也很清晰。这种色调在正文用纸

如果将选用正文用纸比作布置一所校园,那么选择什么样的用纸,不管是照片,还是文字,其表现的改变会远远超过想象。

——铃木贵

中确实很少见，现在基本上都是用乳白色系的书籍用纸作为内页，而这次却大胆使用了有些泛红的玫瑰色，到底有何用意呢？

"刚开始，我想用的是'中质OK系列嵩高纸'。我当时觉得使用这种纸会更有明治的时代感，纸张的质感也不错。但读过小说之后，我感到起初的想法有些不对头。在当时这本小说的内容应该是很有创意的，即使今天读这本书，还是不会有陈旧感，甚至依然会觉得很有新意。因此我决定采用摸上去有些滑滑的触感，在传统中透出新颖的'超级OK系列嵩高纸·粉红色'。本以为玫瑰色用纸一般都是面向恋爱小说之类的书籍，而这次却意外地发现这种颜色还能唤起怀旧之情。至少我认为这种纸不会玷污这本名著。"

一切都为了让设计师能够随心所欲地进行创作

"超级OK系列嵩高纸·粉红色"可以说是在和设计师直接对话的基础上产生的一种纸，从这个意义上来说，这种颜色的纸也是非常罕见的。铃木先生说他曾拿着几种颜色的纸样品，听取过书籍设计师的意见，那时候很多人都表示"想要这种颜色！"，最受欢迎的就是这种粉色调的正文用纸。

"一般来说，工厂是不会将纸做成这种颜色的。他们会选择更加大众化的颜色。因为即使生产出这样的产品，如果适用面狭小，也没什么意义。"

森山大道摄影作品集《凶区/Erotica》（朝日新闻社）的正文用纸也选用了这种纸张。这次的灵感就来自当时看到该作品时内心的震撼和感动。

"这种颜色的纸看起来挺可爱，但却具有与表面完全不同的特性。这种纸所特有的色感和横版印刷的黑字非常相配，极为漂亮。根据使用方法的不同，会产生不同的视觉效果，希望大家通过这部名著，看到这种纸张的各种可能性。这种纸作为超嵩高纸，也是一个极大的卖点。页数不多，却能很厚。另外这个系列还有一种颜色不同的纸，呈乳白色，这种乳白色也是以前没有过的，非常协调，色感很好。我极力推荐这种纸。为了能让设计师们更好地设计制作，从今以后我会更加积极地发布关于纸张的信息。"

EXTRA CASE. 03
铃木贵

用各种正文用纸做成的样品书。从右边数第二本就是"超级 OK 系列嵩嵩纸·粉红色"。从书口上看，一眼就能发现纸张泛着粉色。

在没有读这本小说之前，铃木先生考虑使用"中质 OK 系列嵩嵩纸"。"我本来觉得用这种纸应该就可以了。最终换成了'超级 OK 系列嵩嵩纸 · 粉红色'，我认为这么改一下才更合适。"

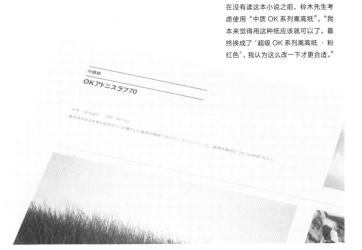

鸟海修

既漂亮又明快，
具有传统风格的明朝字体

虽然高雅，却不柔弱，
既个性十足又赏心悦目，
字体设计专家选择的
最适合这本书的正文字体到底是什么？

鸟海修
Torinoumi Osamu

1955 年出生。山形县人。多摩美术大学毕业。字游工房
有限公司的法人代表。字体设计师。参与了大日本网屏
制造有限公司的 Hiragino 字体系列、字游工房的游书体
字库等以基本字体为中心的四十多种字体的开发。

吾輩は猫である。名前はまだ無い。

どこで生れたか頓と見当がつかぬ。何でも薄暗いじめじめした所でニャーニャー泣いて居た事丈は記憶して居る。吾輩はこゝで始めて人間といふものを見た。然もあとで聞くとそれは書生といふ人間で一番獰悪な種族であつたさうだ。此書生といふのは時々我々を捕へて煮て食ふといふ話である。然し其當時は何といふ考もなかつたから別段恐しいとも思はなかつた。但彼の掌に載せられてスーと持ち上げられた時何だかフハフハした感じが有つた許りである。掌の上で少し落ち付いて書生の顔を見たのが所謂人間といふものゝ見始であらう。此の時妙なものだと思つた感じが今でも残つて居る。第一毛を以て裝飾されべき筈の顔がつるゝゝして丸で薬罐だ。其後猫にも大分逢つたがこんな片輪には一度も出會はした事がない。加之顔の眞中が餘りに突起して居る。そして其穴の中から時々ぷうゝゝと烟を吹く。どうも咽せぽくて實に弱つた。是が人間の飲む烟草といふものである事は漸く此頃知つた。

此書生の掌の裏でしばらくはよい心持に坐つて居つたが、暫くすると非常な速力で運転し始めた。書生が動くのか自分丈が動くのか分らないが無暗に眼が廻る。胸が悪くなる。到底助からないと思つて居ると、どさりと音がして眼から火が出た。夫迄は記憶して居るがあとは何の事やらいくら考へ出さうとしても分らない。

ふと氣が付いて見ると書生は居ない。澤山居つた兄弟が一疋も見えぬ。肝心の母親さへ姿を隠して仕舞つた。其上今迄の所とは違つて無暗に明るい。眼を明いて居られぬ位だ。果てな何でも容子が可笑しいと、のそゝゝ這ひ出して見ると非常に痛い。吾輩は藁の上から急に笹原の中へ棄てられたのである。

漸くの思ひで笹原を這ひ出すと向ふに大きな池がある。吾輩は池の前に坐つてどうしたらよからうと考へて見た。別に是といふ分別も出ない。暫くして泣いたら書生が又迎に来てくれるかと考へ付いた。ニャー、ニャーと試みにやつて見たが誰も来ない。其内池の上をさらゝゝと風が渡つて日が暮れかゝる。腹が非常に減つて来た。泣き度ても聲が出ない。仕方がない。何でもよいから食物のある所迄あるかうと決心をしてそろゝゝと池を左りに廻り始めた。どうも非常に苦しい。そこを我慢して無理やりに這つて行くと漸くの事で何となく人間臭い所へ出た。此所へ這入つたら、どうにかなると思つて竹垣の崩れた穴から、とある邸内にもぐり込んだ。縁は不思議なもので、もし此竹垣が破れて居なかつたなら、

这种文体不适合使用柔顺的字体。比较传统粗犷，仿佛真诚朴实的青年一般的字体更好。

——鸟海修

提到《我是猫》，鸟海修设计师说首先想到的就是精兴社的明朝活版印刷体。他还清楚地记得自己十五六岁时全神贯注地阅读夏目漱石全集的情景。

"第一眼见到这套书，就感到这套书的字体真是太漂亮了。因为太贵，只买了其中的两本。我实在太喜欢夏目漱石的小说了，记得自己当时几乎倾其所有才买了那两本书。而现在能让我如此喜欢的小说还真是难得一见，太让人遗憾了。后来，照相排版取代了活版印刷，这本书的字体也变成了本兰细明朝体。即使如此，对我来说还是觉得夏目漱石的书用精兴社明朝体比较好。但到了现在，如果还坚持使用活版印刷体，会让人觉得守旧，因此我另外还想了几种排版方案。"

鸟海修设计师所领导的字游工房深受平面设计师的信赖。字游工房因为设计了"游书体字库"、"Hiragino"、"Koburina"等既有品位又很漂亮的字体而为人所知，那么他们设计的字体中有没有适合这本书的呢?

"如果一定要用的话,我觉得应该是游明朝体R比较适合。但是,对于这本小说来说,游明朝体R的字体线条过于柔顺,现代感太强了。夏目漱石的《我是猫》和《哥儿》都是具有明治时代特点的文体。至少这两本书都不是《虞美人草》那种平铺直叙的文体。如果是《虞美人草》的话,使用游明朝体还可以,但是对于《我是猫》,还是右边丰满、结构紧凑的字体更合适,感觉就像真诚朴实的青年一样。"

什么样的字体才能使以汉字为主的文章
看起来更加漂亮?

手机小说和明治时期的纯文学,都有着各自适应的不同字体或排版方式,这一点无可非议。这些不仅仅是由于内容性质所决定的,还有一个理由就是"假名和汉字的字体比例不同"。鸟海修设计师说道。

"最近使用片假名的词语越来越多,看看现在的小说,你就会发现使用汉字的现象越来越少。过去的文章汉字多,平假名只不过是作为送假名跟在汉字之后的,在某种意义上说只是作为汉字的一部分来使用的。而现在的情况则完全相反，平假名和片假名成为了文章的主角。这也就是说，如果相对于汉字，假名的字体比较小的话，那么整个版面看起来就会不整齐、不漂亮了。与此相反，如果是《我是猫》这样汉字比较多的小说，汉字清晰有力、假名小巧漂亮的字体会更好。"

鸟海修设计师认为精兴社的open type和岩田这两种字体均能满足这些要求。在对这两种字体的排版进行比对之后，他最后选中了精兴社的明朝体。

"文字整体上比较小巧，假名比汉字小一些，通篇看会有宽松感，感到每一个字都很规矩。假名的笔画比较复杂，不够流畅的地方也还可以。打个比方吧，在感觉上，就像一条浅浅的河流，水流有时会拍打在露出水面的石头上，有时候会转向右边，有时又会流向左边，蜿蜒曲折，缓慢流动。这种排版方式和手机小说的排版方式正好相反，然而考虑到夏目漱石小说的背景，在目前来说我认为这是最合适的字体了。"

EXTRA CASE. 04
鸟 海 修

舞つた。其上今迄の所とは違つて無
のそ〳〵這ひ出して見ると非常に痛
漸くの思ひで笹原を這ひ出すと向
考へて見た。 別に是といふ分別も出
ニャー、ニャーと試みにやつて見た
腹が非常に減つて來た。 泣き度て
と決心をしてそろりそろりと池を左
這つて行くと漸くの事で何となく人
崩れた穴から、とある邸内にもぐり
吾輩は遂に路傍に餓死したかも知れ
至る迄吾輩が隣家の三毛を訪問する
て善いか分らない。 其内に暗くなる
豫が出來なくなつた。 仕方がないか
ると其時は既に家の内に這入つてゐ
たのである。 第一に逢つたのがおさ

游明朝体R的排版。"这样的排版，如果将汉字字体稍微变大一些，撇写得再长一些，假名的特点再强调一下，就更符合这本书了。"

舞つた。其上今迄の所とは違つて無
のそ〳〵這ひ出して見ると非常に痛
漸くの思ひで笹原を這ひ出すと向
考へて見た。 別に是といふ分別も出
ニャー、ニャーと試みにやつて見た
腹が非常に減つて來た。 泣き度て
と決心をしてそろりそろりと池を左
這つて行くと漸くの事で何となく人
崩れた穴から、とある邸内にもぐり
吾輩は遂に路傍に餓死したかも知れ
至る迄吾輩が隣家の三毛を訪問する
て善いか分らない。 其内に暗くなる
豫が出來なくなつた。 仕方がないか
ると其時は既に家の内に這入つてゐ
たのである。 第一に逢つたのがおさ

筑地体前期五号假名是"强调右侧字体"中的一例。"我觉得不加修饰更适合本书，只是要显得有些粗鲁才是。"合作：大日本网屏制造有限公司

都筑晶绘

EXTRA CASE.05

刊登日期：2008.05

超越传统技术的框架，
根据故事情节进行装订

用麻线三点缝制的书，

既纤细美观又结实耐用。

在传统技法上进行创新，

具有手工制作亮点的现代装订。

都筑晶绘
Tsuzuki Akie

书籍装帧制作者。大学期间到法国留学，接触到了书
籍的手工制作。回国后，做过书籍装帧艺术家的助手。
2007 年，到瑞士的书籍制作专门学校学习，2008 年 3 月
在东京创办书籍制作教室。作为书籍装帧制作者，在承
接书籍制作工作的同时，与装帧专家山元伸子一起创办
了小型出版物 "ananas Press"，并在上面发表作品。

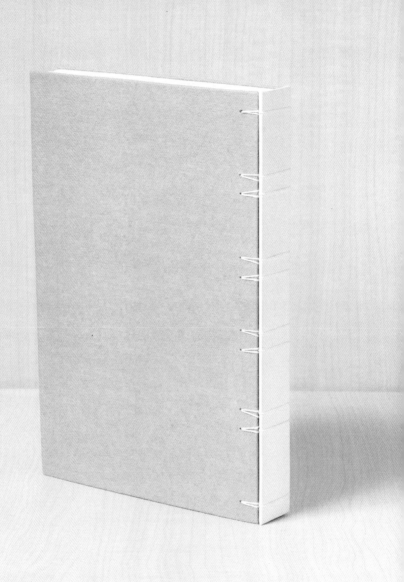

装帧制作：都筑晶绘

縫制用的麻线看起来纤细，但却很结实，十六世纪制作的书现在还保存得完好如初。

——都筑晶绘

通过装订巧妙地表现出 先生和猫的距离感

　　都筑晶绘之所以走上书籍装订这条路，是因为她在多摩美术大学上学期间去法国留学。在法国，一边学习装订的基础技术一边自己尝试着制作书籍，在此过程中她被深奥渊博的装订世界深深地吸引了。

　　"纸啦，布啦，皮革啦，这些平面的材料变为立体的过程真是太有趣了。回国后，我给一位德国书籍装帧艺术家做助手，这位艺术家可以根据作家的文章，选择合适的纸张并印刷，然后亲自装订成书。受她的影响，我也开始去掌握各种装订技术，希望不受传统的束缚，自由自在地装订书籍。经过这位艺术家的推荐，我到了瑞士的装订学校学习。在那里，我学到了更加现代化的、简洁的装订技术。"

　　热爱装订的都筑晶绘接到了一个订单，就是将明治时期出版的初版复刻本重新装订成书。要完成这项工作需要六十多道工序，一到两个月的时间（包括干燥等特殊工序的等待时间），而制作完成的书籍拿在手里会让人深感温暖，有一种只属于自己的依恋之情，这才是手工制作书籍的精妙处。

"读过这本书后，首先我觉得圆形书脊并不适合本书。虽然圆形书脊看上去很庄重，但其实这本小说的内容既充满了现代气息又轻松洒脱。因此在装订上，我采用了'三点缝制法'，将封一、封四、书脊全部分开，然后再将这些部分用麻线缝起来。从外面看，很像日式线装书，但其装订特点是这三个部分并没有粘连在一起。这本小说中出现的猫并不是宠物，更像是在一个屋檐下的同居人，而和先生的关系似乎也不是宠物与主人的关系，应该是若即若离，保持着一定距离感的。因此，我想我所做的装订也要符合这样的关系。"

让漂亮的、具有优异功能的传统技术
更加贴近生活

现在的手工装订方法是从16世纪开始确立起来的。都筑晶绘这次所用的"三点缝制法"就是应用了这种基本的制作方法。用麻绳缝成一个八字，内侧和外侧来回缝三回。书可以打开180度以上，由于书脊和封面是分开的，乍一看，感觉如果这么翻下去的话，这本书就要散架了似的。缝线看上去虽然纤细，但实际上却很结实。

"装订使用的线都是麻线，非常结实，16世纪制作的书籍现在还完好如初。虽说装订方法和皮革的使用也是其中一个很重要的原因，但是，要是不用麻绳缝制的话，就不会这么结实。"

封面采用了具有棉布柔软触感的"GAコットン（无纺纸）"。姜黄色的封面，白色的书脊，墨绿色的环衬，形成了强烈的对比，看上去既有和式的风格，又有现代的朝气。

都筑晶绘现在还担任装订教室的讲师。"我想告诉大家，传统的技术不但精湛，还可以根据文章或排版，以及书的内容等进行不同的装订。即使没有高超的技艺，只要稍下功夫，也能装订出一本既简洁又美观的书籍。"

EXTRA CASE. 05
都 筑 晶 绘

护封借用与初版复刻本相同的设计。"画面很漂亮。我现在还没有掌握为文字或装饰贴金箔的技术,因此,为了显示书名,护封很有必要。"

书籍制作采用了"三点缝制法"。因为要将封一、封四、书脊三部分缝合起来,所以书的本体和封面之间会预留一个缝隙,可以轻松地将书打开到 180 度。

岩渕恒

EXTRA CASE.06 刊登日期：2008.10

赏心悦目的红色系乳白色纸张

书拿在手里，
既容易打开又便于阅读。
对纸张如数家珍的专业人士极力推荐的
正文用纸是什么？

岩渕恒
Iwabuchi Hisashi

1952 年出生于宫城县。曾在洋纸批发公司工作，主要负责销售。因为参与了《新编出版编辑技术》关于纸张基本知识的执笔工作，想到应该"让人们进一步了解有关纸的知识"，于 2008 年在神田的淡路町创立了"纸的学校"。http://www.kaminogakko.com/

282

った。ただ彼の掌に載せられてスーと持ち上げられた時何だかフハフハした感じが

りである。掌の上で少し落ちついて書生の顔を見たのがいわゆる人間というものの見始

う。この時妙なものだと思った感じが今でも残っている。第一毛をもって装飾されべき

顔がつるつるしてまるで薬缶だ。その後猫にもだいぶ逢ったがこんな片輪には一度も出

た事がない。のみならず顔の真中があまりに突起している。そうしてその穴の中から

ぷうと煙を吹く。どうも咽せぽくて実に弱った。これが人間の飲む煙草というもので
はようやくこの頃知った。

書生の掌の裏でしばらくはよい心持に坐っておったが、しばらくすると非常な速力で運
めた。書生が動くのか自分だけが動くのか分らないが無暗に眼が廻る。胸が悪くなる。

からないと思っていると、どさりと音がして眼から火が出た。それまでは記憶している
は何の事やらいくら考え出そうとしても分らない。

気が付いて見ると書生はいない。たくさんおった兄弟が一疋も見えぬ。肝心の母親さ
隠してしまった。その上今までの所とは違って無暗に明るい。眼を明いていられぬ

はてな何でも容子がおかしいと、のそのそ這い出して見ると非常に痛い。吾輩は藁の
急に笹原の中へ棄てられたのである。

やくの思いで笹原を這い出すと向うに大きな池がある。吾輩は池の前に坐ってどうした
ろうと考えて見た。別にこれという分別も出ない。しばらくして泣いたら書生がまた迎
くれるかと考え付いた。ニャー、ニャーと試みにやって見たが誰も来ない。そのうち池

纸是很有趣的东西。
随着对纸的逐渐了解，
我发现自己已经为其魅力如痴如醉了。

——岩渕恒

加深对纸的了解，
扩展产品制作的可能性

去年，岩渕恒先生从工作了30年的纸张批发公司退休，2008年的4月，他突然下决心建立了"纸的学校"。岩渕恒先生说之所以这么做，其初衷是为出版社或书籍设计师等需要了解纸张的人，提供自己多年累积的对纸张的专业知识。

"关于纸张的知识，没有一个专门学习的地方。因此，很多人一直从事和纸张打交道的工作，但却对纸张的基本情况并不了解，即使想问问，也会因为不好意思而没去向公司前辈或领导请教。如果能够了解纸，在产品制作上就会扩展出更多可能性。"

岩渕恒先生在日常生活中，看到别人手里拿的书，经常会不由自主地去鉴定一下该书的用纸，还会左思右想该书的用纸是否合适。

"在乘电车时，站着翻看参考书，手里

EXTRA CASE. 06
岩渕恒

还要拿着记号笔准备升学考试的人，我觉得最可怜了。这些书都是高级纸张印制而成，又重又不容易翻阅，拿着这样的书在电车上学习真是让人同情。如果用合适的纸来印制这些书的话，翻阅起来就会方便很多，还有作笔记订正时，用记号笔写字也不会渗墨……对这些我会想很多。并且我总是很在意这些事情。虽然纸张有各种各样的作用，但是我认为书籍制作没有必要为了让书显得厚一些而使用嵩高纸。以前某学会在制作书籍的时候，特意指定要用薄纸，薄到书脊上都无法印制书名。也就是说，搞研究的人因为书太多，会觉得书薄一点反而更好。我认为从书的所有者的角度来看，理应如此。"

便于阅读和适合作品的样式至关重要

岩渊恒先生经常从读者的角度来选择用纸，他为这本《我是猫》所选定的正文用纸是"戏剧粉红色（Opera Pink）"。这种纸具有微微发红的乳白色，手感柔软。

"印刷文艺书刊所使用的纸张，其最重要的因素首先是要便于阅读，其次是所印刷的文字要漂亮清晰。这种红色系的纸对眼睛很好，也容易阅读，同时，'戏剧粉红色'还是从活版印刷开始就一直被使用的纸张，具有其他胶印使用的纸张所没有的柔软弹性。我想这种纸在传统性上也很适合大文豪的这部小说吧。

"可是很遗憾，据说2009年年底该书籍用纸'戏剧粉红色（Opera Pink）'就已经停产了。为了保证实际使用时还有库存，作为候补，我建议使用'OKライトクリームツヤ（由王子制纸生产的浅乳白色印刷用纸）'。

　　"书籍用纸随着时代的变迁也在发生着变化。被称为新人类的一代人喜欢青色系或黄色系的书籍用纸，因此在1990年左右，红色系的纸张渐渐地不受欢迎了，有一段时间里，曾经一下子减到只有五种红色系的纸张。但是，这几年，这种红色系纸张又开始重聚了人气。而造成这种现象的就是书籍用纸'OKライトクリーム（Light Cream Book Paper，由王子制纸生产的书籍专用纸）'。作为一个喜欢红色系纸张的人，我感到真是太爽了！对于现在的年轻人来说，也觉得用红色系纸张印制的书籍更加容易阅读吧。"

书籍用纸"戏剧粉红色（Opera Pink）"的特点是既柔软又有弹性。只有翻开书的时候，这种价值才会真正体现出来。

EXTRA CASE. 06

岩渕恒

照片从右开始分别是书籍用纸"オペラピンク（Opera Pink）"、"OK ライトクリ
ームツヤ（由王子制纸生产的浅乳白色印刷用纸）"以及"クリームキンマリ（由
北越纪州制纸株式会社生产的非涂料书籍内文用纸）"。"クリームキン（非涂料书
籍内文用纸）"这种书籍用纸随时都能买到，如果考虑再版的话，建议使用这种用纸。

后记

Graphic社编辑部 津田淳子

邀请在各个领域大显身手的设计师们设计《我是猫》，是本次企划的要点所在。这本书囊括了刊登在《设计典藏》上从创刊号到第七期，题为"装订道场"连载的所有设计作品，《设计典藏》是一本汇集了专业设计师在实践中希望了解的有关设计、印刷、纸张等加工信息的杂志。在本书出版之际，另请了担任《设计典藏》艺术总监的ASYL公司的佐藤直树设计师为本书又专门设计了一套《我是猫》的装帧作品。

虽然每位设计师都是以《我是猫》为题材进行设计，但设计师们所提出的前所未有的书籍设计方案，还有设计师们的丰富创意，以及为了一本书的装帧制作而做的各种努力，对采访这些设计师的编辑部来说，是一件令人期待的乐事。

《我是猫》书中的"我是猫，名字嘛还没有"这一句开头语在日本可谓尽人皆知，足以证明这是一部声名显赫的文学巨著。很多人还是在青少年时期，在学校的课业中，在教科书上读过这本书吧。

如果让您现在回忆一下这部名著，还会记得它的故事情节吗？说实话，在本书的设计连载之前，我对这部名著的内容已是记不清了。小时候读这部名著的时候，感到汉字很多……虽然当初有这种印象，但是当我长大成人，再次阅读时，却发现这本小说并不难，反而很有意思。

　　如果现在还想要读这部名著，不是阅读几家出版社出版的文库本，就是在互联网上阅读上传的文档。虽然文库本有文库本的优点，但是，在书店偶然发现这部名著的文库本，拿起来不知不觉为之入迷从而想买回家的冲动是少之又少了吧。而且，文库本的正文排版以及书的尺寸都比较小，还有《我是猫》的开头部分，标点符号很少，句子又长，换行又少，这样的文章不易阅读，因此很多人会觉得无法驾驭。

　　为了让人们能够重新拿起这本书，再一次享受到这部小说的精彩，请设计师重新设计和排版本书，成为了必要之举。这次以《我是猫》为题材所设计的、刊登在本书上的作品，如果真正摆在书店里出售的话，我想很多人会注意到它，并想将其买回家读一读吧。翻阅这部名著，它的正文排版以及用纸乃至装订，都凝聚着设计师们的各种心血，应该会带给读者更多的阅读享受。

　　我想正是这种享受才是书籍设计的力量源泉。

为此，我要衷心感谢将这部书完整呈现给我们的28位设计师。虽然这些书中的书籍装帧都不是面向大众而制作的，但设计师们还是像平常一样付出了艰辛，从护封到封面、扉页、正文等，所有一切都尽心尽力地进行了设计，再次向他们表示衷心的感谢。

　　另外，关于本书所采纳的文章，即实际制作一本书，如对印刷、压花、特殊加工、装订都进行了全拍摄。不管是印制一本书还是印制上千本书，所需要的工序并没有太大变化。即使是对待如此少量的试作品，印刷公司、加工公司、资材厂商的有关人员也都能欣然接受，一致配合。在此，对他们表示衷心的感谢。

　　电子出版、放弃铅字、经济下滑，所有这些话题对于书籍来说，都是一场严峻的考验。然而，对于作者花费心力写成的作品，为了能够更好地被人们阅读，书籍设计师辛勤工作、精心设计，然后再由印刷加工公司将它们变成了实体书。这才是印刷在纸上、装订好的实体书的魅力所在。如果书籍都能像本书刊登的这些作品一样的话，一定会有很多人想要买来读一读的。如果书籍能像本书刊登的作品来制作的话，今后实体书也能更好地与电子书携手，共同为更多人带来妙趣横生的"书"之世界吧。

图书在版编目（CIP）数据

装订道场：28位设计师的《我是猫》/ Graphic社编辑部编著；
何金凤译. —— 上海 ：上海人民美术出版社，2014.1（2019.8重印）
ISBN 978-7-5322-8695-9

Ⅰ.①装… Ⅱ.①日…②何… Ⅲ.①书籍装帧－设计－作品集－
日本－现代 Ⅳ. ①TS881
中国版本图书馆CIP数据核字(2013)第232769号

装订道场：28位设计师的《我是猫》
原版书名：裝丁道場 28人がデザインする『吾輩は猫である』
原作者名：グラフィック社編集部

Training for Ultimate Book Design and Binding
©2012 Graphic-sha Publishing Co., Ltd.

本书的简体中文版经Graphic-sha出版公司授权，由上海人民美术出版社独家出版。
版权所有，侵权必究。合同登记号：图字：09-2013-430

编　　著	[日] Graphic社编辑部
翻　　译	何金凤
审　　读	邰　辉
责任编辑	张维辰
版权经理	康　华
美术编辑	肖祥德
技术编辑	齐秀宁
出版发行	上海人民美术出版社
社　　址	上海长乐路672弄33号
印　　刷	浙江海虹彩色印务有限公司
开　　本	889×1194　1 / 32
印　　张	9.5
版　　次	2014年1月第1版
印　　次	2019年8月第2次
书　　号	ISBN 978-7-5322-8695-9
定　　价	68.00元